普通高等教育“十三五”规划教材

阿尔泰数学教程系列

小波理论及其在图像处理中的应用

The Wavelet Theory with Application in the Field of Image Processing

郑勋烨　编著

西安交通大学出版社

XI'AN JIAOTONG UNIVERSITY PRESS

内容简介

本书内容共分九章，包括：经典小波理论的源流与发展、数字音像信号小波去噪方法、小波在纹理图像处理中的应用、脊波和曲波变换方法、嘉伯（GABOR）小波图像目标识别方法、轮波变换与影像融合、基于曲波的活动轮廓图像分割、复小波图像去噪方法、总结与展望。

本书的读者对象主要是从事小波分析、地理信息工程、信号处理、模式识别、图像处理、通信理论、突变理论、控制论、石油地质、机械工程、遥感探测、交通控制、雷达追踪、航空航天、数学、物理、计算机等领域工作的研究人员、大学师生、工程师、技术员等。对小波的爱好者来说，本书也是理论与应用价值兼备的、有深度、有广度、有温度的一本很好的入门小册子。

图书在版编目（CIP）数据

小波理论及其在图像处理中的应用 / 郑勋烨编著. —西安：西安交通大学出版社，2018.4

ISBN 978-7-5693-0573-9

Ⅰ. ①小… Ⅱ. ①郑… Ⅲ. ①小波理论 Ⅳ. ①O174.22

中国版本图书馆 CIP 数据核字（2018）第 084572 号

书　　名 小波理论及其在图像处理中的应用
编　　著 郑勋烨
责任编辑 李佳

出版发行 西安交通大学出版社
（西安市兴庆南路 10 号　邮政编码 710049）
网　　址 http://www.xjtupress.com
电　　话 （029）82668357 82667874（发行中心）
（029）82668315（总编办）
传　　真 （029）82668280
印　　刷 陕西日报社

开　　本 787mm×1092mm　1/16　**印张** 9.5　**字数** 218 千字
版次印次 2018 年 8 月第 1 版　2018 年 8 月第 1 次印刷
书　　号 ISBN 978-7-5693-0573-9
定　　价 25.00 元

读者购书、书店添货、如发现印装质量问题，请与本社发行中心联系、调换。
订购热线：（029）82665248　（029）82665249
投稿热线：（029）82668284
读者信箱：medpress@126.com

Foreword 前言

本书致力于研究小波理论在图像尤其是遥感图像处理领域的应用。书中首先总结了小波理论的源流与发展，介绍了连续小波变换、离散小波变换、多分辨分析和几类经典小波。对小波理论在信号和图像处理领域的应用指出了其优缺点。进而，针对经典小波的缺陷改良，介绍了新型小波系统的发展沿革和现状，主要包括脊波变换(Ridgelet)、曲波变换(Curvelet)、轮波变换(Contourlet)等，阐述了新型小波系统的主要思想和算法。

本书研究了数字音频和图像信号的小波去噪理论，对一维音乐信号和二维标准图像重点讨论了小波阈值去噪算法，并进行了去噪仿真实验，根据峰值信噪比(PSNR)等判别参数，将实验结果进行了对比。

一个明确而新颖的观点是从纹理图像的角度理解地图，对遥感图像做卡通和纹理分解。本书给出了离散小波框架变换的定义和用它来进行纹理刻画的方法，由此，结合 Gabor 小波和支持向量机(SVM)提出了图像分割算法，并对标准纹理图像库图像和北京地区遥感地图进行了纹理图像分割实验。

本书建立了数字脊波和数字曲波变换的图像分解算法，比较了基于全局和局部对偶框架的 GDF 算法和 LDF 算法。给出了二维 Gabor 滤波器基函数的一般形式和图形，讨论了滤波器选取原则、设计方法和特征提取步骤，并用基于纹理分析的 Gabor 方法对遥感图像目标区域进行特征提取和边缘刻画。

轮波变换具有良好的多分辨率、局部化及方向性特征，本书重点讨论了方向滤波器组的设计。针对影像融合，探讨了基于多孔(atrous)小波与广义 IHS 变换结合的融合方法。此外，本书把测地线活动轮廓(GAC)用曲波演化方法进行多尺度改进，获得曲波测地线蛇形活动轮廓(CGS)。探讨了边界探测函数的构造。

最后，本书研究了复小波基本概念和小波域图像去噪基本理论，重点是希尔伯特变换对和二元树复小波变换的设计、双变量收缩函数和复小波域内基于系数尺度相关性的图像去噪算法。文章结尾提出“全息地图”的概念构想。

关键词:经典小波,多分辨分析,遥感,纹理,去噪,融合,脊波,曲波,轮波,复小波,全息地图

Abstract

This thesis aims to study the application of waveletfamily in image processing, especially in remote sensing image. The main innovative contributions of this dissertation are as follows:

Firstly, the author gives a thorough introduction on the history of classical wavelet analysis, including the source from Fourier analysis, and the background of signal processing. Also on the main idea of the wavelet transform, MRA, especially the Daubechies wavelets.

The success of wavelets is mainly due to the good performance for piecewise smooth functions in one dimension. Unfortunately, such is not the case in two dimensions. The ridgelet system is very well at representing the smooth functions with line singularities. The curvelet has the best ability at representing the smooth functions with curvilinear singularities. Abilities of ridgelet and curvelet make them superior to the classical wavelets for image processing.

Texture is an important attribute in the image, which provides substantial information for the recognition and interpretation of this image. Contourlet transform has good multi – resolution, localized and directional characteristics. The method based on Contourlet + IHS transform is proposed to fuse SAR image and multi – spectral images. A global dual frame (GDF) and the local dual frame (LDF) representation for the digital ridgelet reconstruction algorithm is discussed.

Combing the basic theory of multi – scale Gabor and BP neural net, Gabor filter recognization algorithm is designed, which can solve bottle – neck problem namely Gabor feature vector dimension is relatively high, as well as large computational complexity. A construction method of edge detection function and a curvelet – based Geodesic snake(CGS) is proposed, and applied to complex image segmentation of multiple objects. An approach for designing biorthogonal DT - CWT filters is proposed; where the two related complex wavelet pairs form approximate Hilbert transform pairs.

Key words classical wavelet, MRA, remote sensing, texture, denoising, fusion, ridgelet, curvelet, contourlet, complex wavelet, AIG

目录

第1章 绪论

第2章 数字音像信号小波去噪方法

第3章 小波在纹理图像处理中的应用

第4章 脊波和曲波变换方法

第 5 章 嘉伯小波图像目标识别方法

第 6 章 轮波变换与影像融合

第 7 章 基于曲波的活动轮廓图像分割

第 8 章 复小波图像去噪方法

第1章 绪 论

1.1 引言：小波理论与图像处理

我们身处在一个“读图时代”，当代人类获取的信息量约有七成以上来自图像。图像是自然界或人类社会客观对象的视觉表示，在我们感知的各类数据中最具直观性。图像信息处理研究已成为数学、测量学、地图制图学、光学、电子学、自动化、计算机科学等多领域的跨学科课题。而地理信息科学领域的工作者尤其关注遥感图像。

很多图像采集设备在获取或处理数字图像时会产生失真，这些失真包括：像素丢失、图像模糊、压缩失真、几何变形等。图像的分割、去噪、压缩、重建和恢复就是要尽量减少这些失真。利用恰当的数学方法和模型对数字图像进行处理和恢复意义重大。

图像处理的数学方法主要包括偏微分方程（PDE）、概率统计模型（Statistics）和小波分析（Wavelets Representation）。长期以来，以傅里叶分析为代表的线性滤波方法是数字图像处理的主流方法，它把图像视为索伯列夫（Sobolev）空间的元素，将快速傅里叶变换（FFT）广泛应用于图像处理。

20 世纪八十年代始，图像处理方法逐渐融入非线性科学，小波分析的诞生和发展是这一世纪大趋势的典型体现。小波分析的数学渊源包括：迈耶（Yves Meyer）和考伊夫曼（Coifman）分解伪微分算子，斯特罗姆伯格（Stromberg）构造巴拿赫（Banach）空间无条件里茨（Riesz）基；崔锦泰（C. K. Chui）和王（Wang）拓展样条理论，格罗斯曼（Alex Grossmann）、莫莱（Jean Morlet）和巴拓（Battle）研究数学物理方程。上述诸位的工作，都推动了小波的诞生。

1982 年，格罗斯曼和莫莱首创连续小波变换的概念。图像的局部响应可用小波近似表示。相比古典傅里叶分析，小波变换作为优异的时频分析方法独树一帜。但它是连续时间系统，无法直接数字实现。1988 年，马拉（Stephane Mallat）结合信号处理、调和分析和计算机视觉等理论，提出了多分辨分析（MRA）。

马拉和迈耶共同设计了离散小波变换（DWT）快速算法。离散小波变换是连续小波变换的严格采样,是对音频和图像进行小波分析的真正实用方法。1988 年,道波茜(Ingrid Daubechies)设计了著名的道波茜小波族 dbN,具有时频局部化和多尺度特征,能对信号和图像进行正交多分辨分析,在纹理识别、边缘检测、图像分割和去噪等方面得到了广泛应用。DWT 已成为静态图像压缩标准 JPEG2000、音频压缩以及 MEPG 视频压缩和美国联邦调查局(FBI)指纹识别的核心技术。

在数学分析、计算机视觉、模式识别等不同领域中,一种共通的多尺度分析理论各自独立地发展起来,其主要目的是为了检测和处理某些高维空间数据,这些数据的某些特征集中表现在它的低维子集(如曲线、曲面等)。比如,二维图像的主要轮廓特征可由边缘刻画,三维图像中的某些特征又表现为丝状体和管状体。当前主要的新型小波多尺度分析方法包括脊波变换(Ridgelet)、曲波变换(Curvelet)、带波变换(Bandelet)、轮波变换(Contourlet)等。

经典小波处理包含点奇异的一维信号时,可达最优非线性逼近阶,而处理二维或高维线奇异信号却不能达到最优逼近阶。新型小波多尺度分析致力于解决这一问题,发展一些新的高维函数表示方法,由此引入了蛇形活动轮廓(active contour, snake)、水平集(level Set)等新概念。

从数学角度看,小波分析提供了一套渐近子空间,采用具有不同分辨率的函数序列逼近原函数,且保证不同逼近间的误差正交性。而从信号处理角度理解,它提供了一种时频局部化,时频窗会随着频率的变化而自适应变化。相比之下,古典傅里叶分析是纯频域分析,加窗傅里叶分析或嘉伯分析的时—频窗则是固定的。由于小波可以聚焦到信号的任意细节,因此荣膺“数学显微镜”的美称。

小波分析理论的创建几乎与我国“改革开放”同步,迄今逾三十年,其优美的理论和强大的功能令人瞩目。现在,小波分析已广泛应用于信息与计算科学、数字信号图像处理、计算机视觉、天文学、地质学、地球物理、生命科学等多种学科,成为最强大的分析工具之一。

1.2 经典小波理论的源流与发展

1.2.1 傅里叶分析和早期探索

1998 年,美国迪斯尼公司首映了一部长篇电脑动画电影《昆虫世界》,其中应用了一种全新的塑模技艺——有小波加盟的多尺度分析。对于摄影师们来说,多尺度分析早已是他们的拿手好戏。在电影大师希区柯克(Alfred Hitchcock)的悬念片《海外特派员》

(*Foreign Correspondent*)中,女主角琼斯坐在飞机里,镜头从云雾弥漫的天空延伸到舷窗内,我们的视线也从漫不经心地仰眺大气层逐渐专注于美丽女孩的凉帽。在他另一部作品《眩晕》(*Vertigo*)的片头里,占据画面的景象由一只瞳孔扩展为旋转的教堂扶梯。人类视觉捕捉对象的过程就是一个多尺度分析的过程,然而小波参与其中却是近来之事。但每个新生儿都有海猿时代的祖先,小波的历史由来已久。

1807年,法国数学家傅里叶(Jean Baptist Joseph Fourier)发现周期函数或波可表示为不同频率三角波(正弦或余弦波)的无穷傅里叶级数,对于非周期函数,则有傅里叶变换,自此以后,傅里叶变换与傅里叶级数成为经典数学必不可少的基石,并统治着线性时不变信号处理。19世纪,傅里叶分析臻于完善,但在复原具有突变或瞬态特征的信号时遇到了困难。因为它是纯频域的分析方法,反映平稳信号在全部时间下的总体频域特征,却不能定位局部时间段上的频率信息。比如敲击音叉可获得频率单一的持久的纯音,亦即信号是集中于小频带或频率局部化的。相反,一个脱口而出的词语作为不同频率音节的组合只持续极短的时间,因而是时间局部化的。不同领域的研究者发展了在不同分辨率下对信号进行时间局部化分解的技巧,这些思想汇合成为小波分析的渊源。

1909年,匈牙利数学家哈尔(Alfred Haar)发现了由正负脉冲构成的最简单的首例小波,它的小波母函数如下定义:

$$\psi_H(t) = \begin{cases} 1, & 0 \leqslant t < \dfrac{1}{2} \\ -1, & \dfrac{1}{2} \leqslant t \leqslant 1 \\ 0, & \text{其他} \end{cases} \tag{1-1}$$

1946年,一位英匈混血的数学家嘉伯(Dennis Gabor)引入了高斯型加窗傅里叶变换,即嘉伯变换:

$$(Gf)(\omega,b) = \int_{-\infty}^{\infty} f(t)g(t-b)\mathrm{e}^{-it\omega}\mathrm{d}t \tag{1-2}$$

它使信号f的傅里叶变换在时间窗中心$t=b$附近局部化,将其信号分解为时频包。其中的窗口函数可取高斯类函数$g_a(t)=\dfrac{1}{2\sqrt{\pi a}}\mathrm{e}^{-\frac{t^2}{4a}}$。以能量有限函数$\varpi$与其傅里叶变换作为窗口函数的加窗傅里叶变换称为短时傅里叶变换(SFT),即

$$(Gf)(\omega,b) = \int_{-\infty}^{\infty} f(t)\,\overline{\varpi(t-b)\mathrm{e}^{-it\omega}}\mathrm{d}t \tag{1-3}$$

20世纪70到80年代,数字信号与图像处理领域的学者引入了各自版本的小波分析。1976年,IBM的工程师Claude Galand和Daniel Esteban发明了用于数字电话的子图编码和能够精确消除混淆现象的正交镜像滤波器(QMF)。1981年,J.斯特罗姆伯格以分段线性函数改进了哈尔正交小波基。1982年,麻省理工学院(MIT)的Edward Adelson和

Peter Burt 为图像压缩发展了金字塔算法。1983 年，M. Smith，T. Barnwell 和 F. Mintzer 发现了具有优良重构的共轭正交滤波器(CQF)。所有这些独立进行的工作使用的方法有共同特征，即将信号分解为时频原子的平移伸缩系的线性组合，使人们能在任意时间段以不同分辨率对信号进行时频定位。小波理论自立门户的时机渐趋成熟。

1.2.2 连续小波变换

地震信号有许多瞬态突变点，用古典傅里叶分析难以处理。同时，在高频探测时，若脉冲波持续时间太长，便不可用于分辨密集地层结构。法国地震学者莫莱在解决这一问题时，找到了一种替代短时傅里叶变换(SFT)的方法，首次引入了他称之为“稳态小波”的变换函数。但当时他的发现不在数学教科书中，因而饱受质疑。他向量子物理学家格罗斯曼求助，格罗斯曼为他的积分变换构造了反演公式，一起探讨了其多方面应用。在两人 1984 年合作的论文中，首次正式创造了“小波”(wavelet)的提法，从此却在科技史上产生了类似蝴蝶效应的伟大变革。

他们对小波的原始定义是：一个小波是一个能量有限的函数 $\varphi(t)\in L^2(R)$，其傅里叶变换对几乎所有 $a\in R$ 满足$\int_0^\infty \frac{|\hat{\varphi}(a\omega)|}{\omega}\mathrm{d}\omega=1$，其必要条件是$\int_{-\infty}^{+\infty}\varphi(t)\,\mathrm{d}t=0$，这一条件正是容许性条件(Admissible Condition)。如果定义小波的平移伸缩系

$$\varphi_{a,b}(t) = |a|-1/2\varphi\left(\frac{t-b}{a}\right) \tag{1-4}$$

则相应于此容许小波的连续小波变换(CWT)可视为一种希尔伯特内积

$$(W_\varphi f)(a,b) = \int_{-\infty}^{\infty} f(t)\,\overline{\varphi_{a,b}(t)}\,\mathrm{d}t \tag{1-5}$$

其中 a 为尺度因子，b 为平移参数。它的实际意义是表示了函数与小波的平移伸缩系的相关度，因而上述 *CWT* 也称为相关型小波变换。连续小波变换具有下述主要性质：

性质 1 (线性性质)设 $f(t)=\alpha g(t)+\beta h(t)$，则

$$(W_\varphi f)(a,b) = \alpha(W_\varphi g) + \beta(W_\varphi h) \tag{1-6}$$

性质 2 (平移不变性)若 $f(t)\leftrightarrow(W_\varphi f)(a,b)$，则

$$f(t-\tau)\leftrightarrow(W_\varphi f)(a,b-\tau) \tag{1-7}$$

平移不变性是一个很好的性质，在实际运用中，尽管离散小波变换要用的广泛一些，但在需要有平移不变性的情况下，离散小波变换是不能直接使用的。

性质 3 (伸缩共变性)若 $f(t)\leftrightarrow(W_\varphi f)(a,b)$，则

$$f(ct)\leftrightarrow\frac{1}{\sqrt{c}}(W_\varphi f)(ca,cd),\ c>0 \tag{1-8}$$

1.2.3　多尺度分析

1985 年春,法国著名数学家迈耶偶然听说了格罗斯曼和莫莱的工作,敏锐地意识到他们的分解重构公式是 Calderon - Zygmund 调和分析中奇异核积分算子再生公式的别裁,而奇点事实上正是高频极端局部化的表现。传统观念认为,为了同时获得时频的良好局部化,冗余性是不可避免的。出于数学家的本能,他想证明这一流行说法。几周后他却做了证伪的工作——他构造出了没有冗余的标准正交小波基,在时频均有良好局部化,第一例小波基就此诞生了。不久,雷马瑞(Lemarie)和巴拓各自独立地以截然不同的方式构造了小波基,比迈耶小波基有更快的衰减,代价是正则性的损失,从 C^{∞} 降为 C^{k}。他们的构造都非常精巧。1986 年夏,年轻的法国计算机图形学家马拉趁迈耶访问芝加哥之际前去拜望,两人在随后几天里研讨了多分辨分析(MRA)的所有细节,它是构造标准小波基的工具箱。的确,存在不适于此 MRA 建构的病态小波,但雷马瑞和 P. Auscher 在 1992 年证明,若小波基有任何合理的时频局部化性质,必定源自一种 MRA。更重要的是,MRA 为函数的小波分解提供了从其最佳尺度逼近出发的迭代算法。

设$\{V_j\}_{j\in Z}$为 $L^2(R)$ 空间的一个子空间,$\{V_j\}_{j\in Z}$称为 $L^2(R)$ 的一个多分辨分析(MRA),如果满足:

1)一致单调性:

$$\cdots \subset V_2 \subset V_1 \subset V_0 \subset V_{-1} \subset \cdots \tag{1-9}$$

2)渐近完全性:

$$\bigcap_{j\in Z} V_j = \{0\},\ \bigcup_{j\in Z} V_j = L^2(R) \tag{1-10}$$

3)伸缩规则性:

$$f(t) \in V_j \Leftrightarrow f(2t) \in V_{j-1} \quad j \in Z \tag{1-11}$$

4)平移不变性:

$$f(t) \in V_j \Rightarrow f(t-2^{-j}) \in V_j,\text{对所有 } n \in Z \tag{1-12}$$

5)里茨基存在性:存在尺度函数 $\varphi(t)\in V_0$,使$\{\varphi(2^{-j}t-k)\}_{k\in Z}$构成无条件里茨基。

对应于迈耶和雷马瑞小波基的滤波器是无限脉冲响应型(IIR)的,必须根据实际需要加以截断。人们会问怎样获得不需要此种截断的小波基?答案是逆向工作——不是从理论上构造的小波基推导滤波器,而是首先构造一对恰当的有限脉冲响应滤波器(FIR),再考察它们是否相关于一个小波基。这是紧支小波正交基构造的发轫之始。数年后,Albert Cohen 和 W. Lawton 给出了可衍生标准正交小波基的滤波器的完整刻画。

迈耶从调和分析的观点出发以不等式的形式建立了小波逼近与函数光滑性的联系,所有的不等式只用小波系数的绝对值而不涉及符号(实情形)或相位(复情形)。小波为许多类泛函空间——如 Lebesgue、Sobolev、Hardy、BMO 和 Holder 空间提供了无条件基(里茨基)刻画,已应用到传统数学领域的各方面,如 W. Dahmen 的数值分析、R. Delorel 的非线性逼近、多瑙荷(D. Donoho)的统计学等。

1.2.4 经典小波体系

1.2.4.1 哈尔(Haar)小波族

哈尔是一个阶跃函数,是最初发现的形式最简单小波,其解析表达式由式(1-1)给出。哈尔小波的支撑集长度为1(图1-1)。

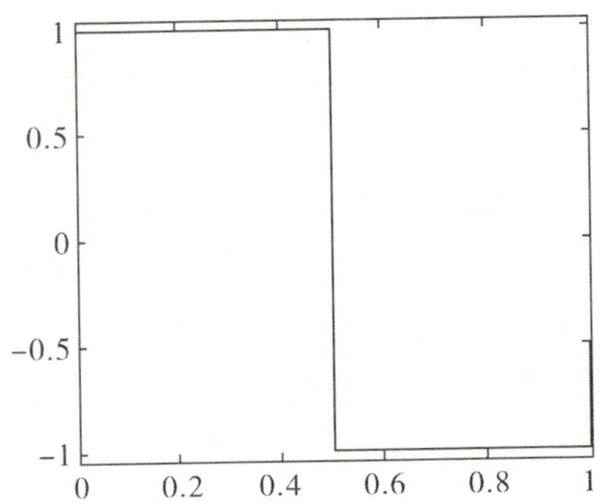

图1-1 哈尔小波图形

1.2.4.2 道波茜(Daubechies)小波族

1987年,比利时女数学家道波茜构造出一族全新的小波基,不但正交而且具有紧支撑,最大的优点是能通过有限脉冲响应共轭镜像滤波器(FIRCMF)实现。信号处理学家们找到了梦寐以求的工具,小波打开了从理论到软件应用的光明之门。道波茜小波族在 MATLAB 软件中通常简写为 db$N$,其中 N 表示阶数,db 是小波名称的前缀。db 小波族的支集和滤波器长度都是 2N 左右,消失矩为 N,可见这序列的小波扩展性比较好,可以比较灵活地权衡增加支集长度(为了提高能量的集中程度)带来的边界问题。db 小波虽然没有解析形式的表达式,但其双尺度差分方程的系数 h_n 可以用很简单的解析式表达。

设 $p(y) = \sum_{k=0}^{N-1} c_k^{N-1+k} y^k$,其中 c_k^{N-1+k} 是二次式系数,那么 h_n 就可以用如下的形式表示:

$$|m_0(\omega)|^2 = \left(\cos^2\left(\frac{\omega}{2}\right)\right)^N p\left(\sin^2\left(\frac{\omega}{2}\right)\right) \tag{1-13}$$

其中 $m_0(\omega) = \frac{1}{\sqrt{2}}\sum_{k=0}^{2N-1} h_k e^{-ik\omega}$。

道波茜小波是首例可直接操作的光滑紧支正交小波(图1-2),其图像具有惊人的分形(fractal)特性:无论将波形在哪个尺度放大,总能看到相同特征的跳跃摆动,亦即小波在“克隆”自身。然而最小相位平方根选取的原则让对称性消失了,道波茜小波的相貌显得奇异另类,正像鬼怪式战机和 T 型福特跑车,它优美只是因为它有效。这让始终痴迷自然界完美对称的数学家们心有不甘。但事实上,紧支正交尺度与小波函数若是对称或反对称的,则必为由一阶基数 B 样条函数生成的性能不佳的哈尔小波,因而从单个 MRA 构造有良好时频分析特性的“对称”小波是不可能的。为了获得更好的对称性,道波茜对自己的小波体系进行了各种改良,获得了 sym 小波。随后,由对偶尺度函数生成的双正交小波族(Biorthogonal wavelets)也应运而生了。

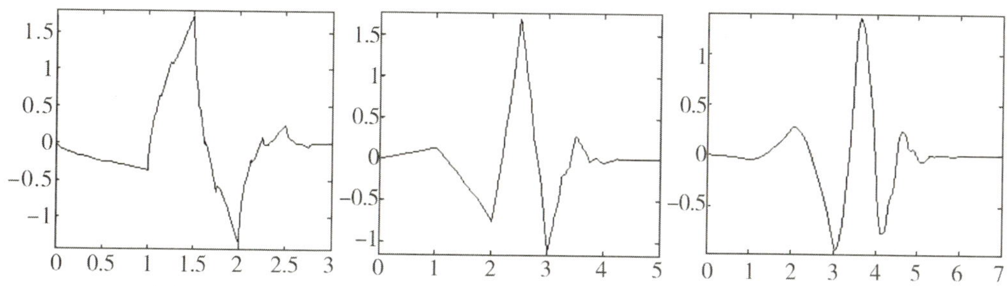

图 1-2　道波茜小波族图形

1.2.4.3　symlets(symN)小波族

构造 sym 小波的方法类似 db 小波,sym 小波对称性更好,可减少重构相移,图像处理效果更佳。道波茜的想法是:尽量提高小波的对称性,而依然保持 db 小波的简单性。把构造 db 小波用的 m_0 函数视为 $Z = e^{i\omega}$的函数 W,即可获得性质不同的小波。设 W 满足下式:

$$W(z) = V(Z)\overline{V\left(\frac{1}{2}\right)} \tag{1-14}$$

令 $V(Z)$的根的模小于 1,即得 db 小波;大于 1,即得 sym 小波(图 1-3)。

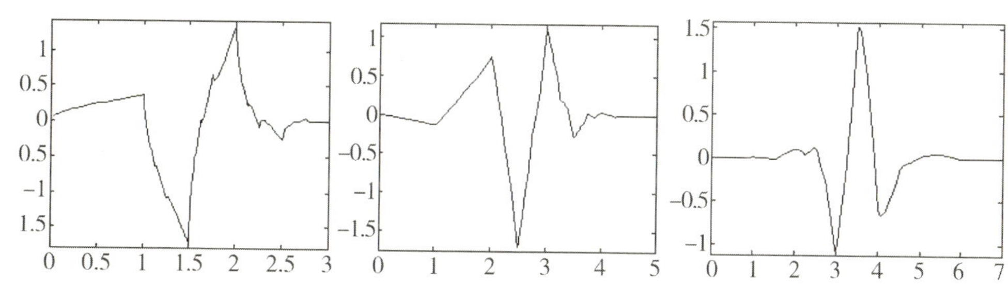

图 1-3　sym 小波图像

由图 1-3 可见,sym 小波族的对称性更好。而如支集长度和滤波器长度则与 db 小波族大体一致。

1.2.4.4 双正交(Biorthogonal)小波族

正交小波满足$\langle \varphi_{j,k}, \varphi_{l,m} \rangle = \delta_{jl}\delta_{km}$,也就是小波函数的平移伸缩系构成的基完全正交,而双正交小波(biorthogonal wavelet)仅满足$\langle \varphi_{j,k}, \varphi_{l,m} \rangle = \delta_{jl}$,也即异尺度伸缩小波系存在正交性,而尺度间平移小波系不存在正交性,用来分解和重构的母小波不一样,对应滤波器也不一样(图 1-4)。

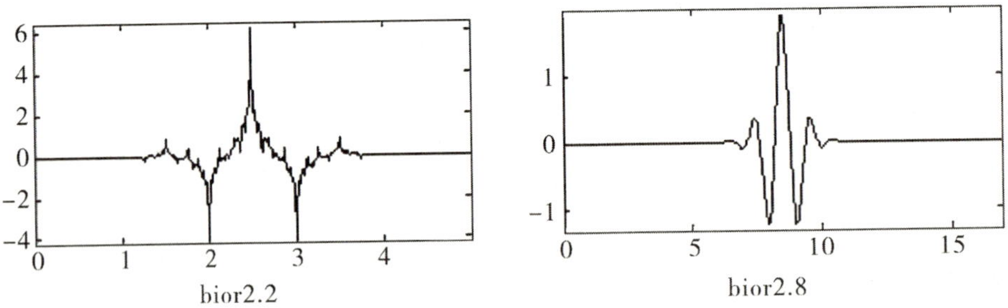

图 1-4 Biorthogonal 小波族图形

双正交小波在信号的相移间保持了部分冗余(Redundancy),对于信号重构大有好处。它具备完全正交小波所没有的优点,可通过有限脉冲响应滤波器(FIR,Finite Impulse Response)精确重构信号。

1.2.4.5 Coiflet 小波族

Coiflet 小波族也是由道波茜构造的,支撑集长度为 $6N-1$,消失矩为 $2N$,具有较好的对称性(图 1-5)。

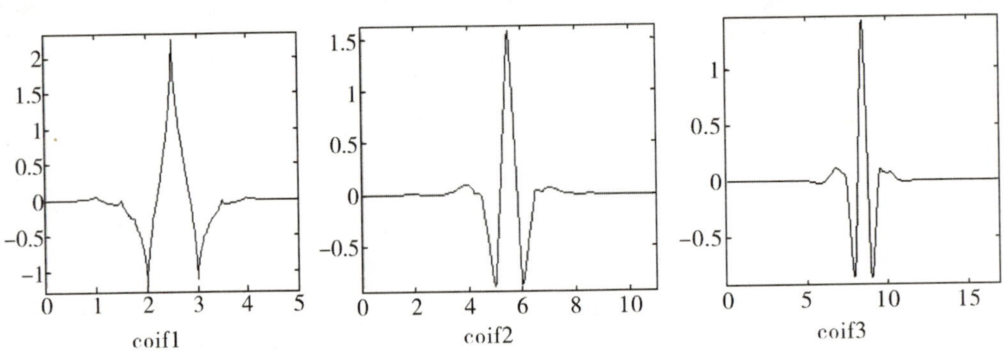

图 1-5 Coiflet 小波族图形

1.2.4.6 莫莱(Morlet)小波

莫莱小波具有解析表达式,但缺少正交性,只满足连续小波的容许条件,而没有紧支撑集,无法构造相应的正交小波基和离散小波变换(图 1-6)。其表达式如下:

$$\varphi(x) = Ce^{\frac{-x^2}{2}}\cos(5x) \tag{1-15}$$

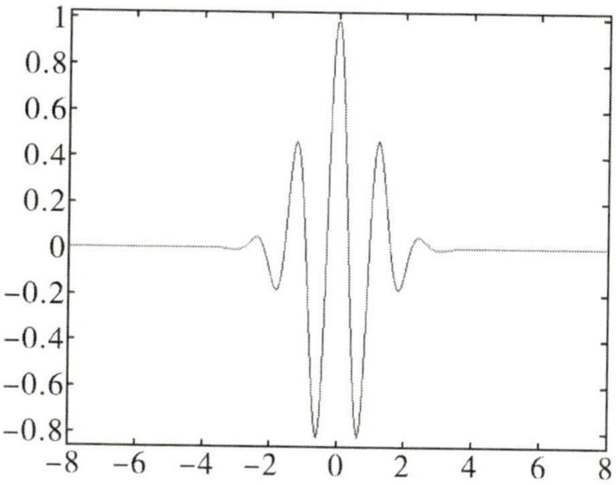

图1-6 莫莱小波图形

1.2.4.7 墨西哥草帽(Mexican Hat)小波

墨西哥草帽小波也具有解析表达,但与莫莱小波一样,没有与之相应的尺度函数存在,不具有正交性:

$$\varphi(x) = \frac{2}{\sqrt{3}}\pi^{-1/4}(1 - x^2)e^{-x^2/2} \tag{1-16}$$

墨西哥草帽小波母函数是二阶高斯导函数,具有良好的时频域局部化属性,其小波母函数图像如图1-7所示。

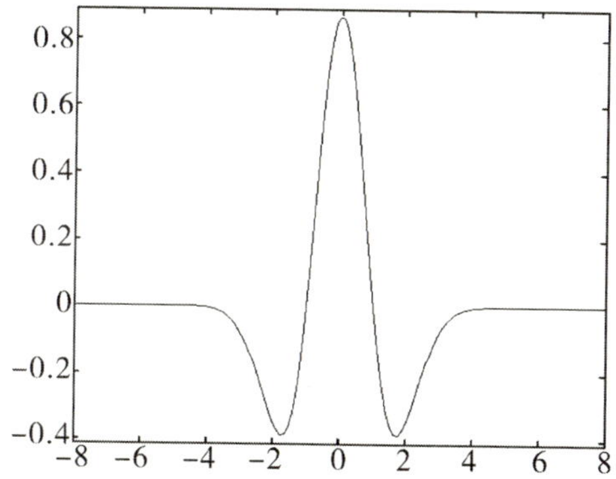

图1-7 Mexican Hat 小波图形

1.2.4.8 迈耶(Meyer)小波

迈耶小波是定义在频域的正交小波,具有解析形式,但没有紧支撑集,因而没有快速离散小波变换算法。计算实践中,可用有限脉冲响应滤波器构造滤波器矩阵,以此逼近并模拟迈耶小波变换。

迈耶小波可如下构造:

$$\hat{\varphi}(\omega) = (2\pi)^{-1/2} e^{i\omega/2} \sin\left(\frac{\pi}{2} v\left(\frac{3}{2\pi}|\omega| - 1\right)\right), \quad if \quad \frac{2\pi}{3} \leqslant |\omega| \leqslant \frac{4\pi}{3};$$

$$\hat{\varphi}(\omega) = (2\pi)^{-1/2} e^{i\omega/2} \cos\left(\frac{\pi}{2} v\left(\frac{3}{4\pi}|\omega| - 1\right)\right), \quad if \quad \frac{4\pi}{3} \leqslant |\omega| \leqslant \frac{8\pi}{3};$$

$$\hat{\varphi}(\omega) = 0, \qquad if \quad |\omega| \notin \left[\frac{2\pi}{3}, \frac{8\pi}{3}\right].$$

其中 $V(a) = a^4(35 - 84a + 70a^2 - 20a^3)$，$a \in [0,1]$ 为辅助函数，其尺度函数的形式为

$$\hat{\varphi}(\omega) = (2\pi)^{-1/2}, \qquad if \quad |\omega| \leqslant \frac{2\pi}{3};$$

$$\hat{\varphi}(\omega) = (2\pi)^{-1/2} e^{i\omega/2} \cos\left(\frac{\pi}{2} v\left(\frac{3}{2\pi}|\omega| - 1\right)\right), \quad if \quad \frac{2\pi}{3} \leqslant |\omega| \leqslant \frac{4\pi}{3}; \tag{1-18}$$

$$\hat{\varphi}(\omega) = 0, \qquad if \quad |\omega| > \frac{4\pi}{3}.$$

虽然迈耶小波 φ 没有紧支撑，但它无穷可微，且在无穷远处迅速衰减。迈耶小波对应的滤波器消失矩极高，此性质对于工程应用意义重大。迈耶小波的函数图像如图 1－8 所示。

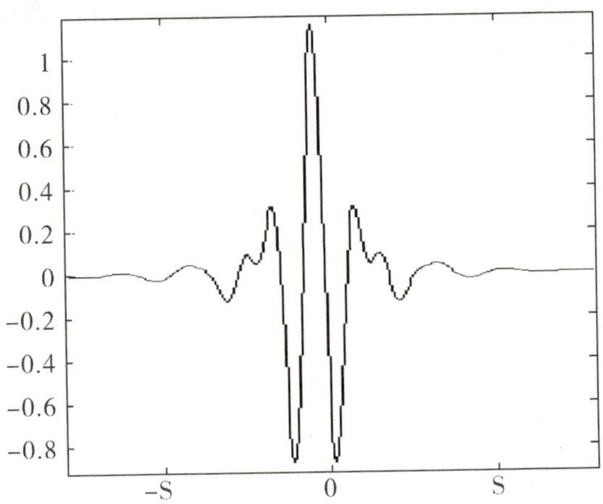

图 1－8　迈耶小波图形

小波的历史还在上演，小波的家族成员不断扩张，仍有更多主题有待探讨，但正如英国小说家吉卜林（Kipling）常言，那是“另一个故事”（another story）了。自此以后，经典小波开始了向一系列新型小波的衍生。

1.2.5　小波包、多小波和提升方法

小波理论发展历程中，另一个故事的开端是 20 世纪九十年代初，Wickerhauser 和考伊夫曼等提出“小波包”（Wavelet Packet）的概念[30]，它要解决信号的自适应最优表示和

最优基选择的问题。小波包对信号频带的低通分量和高通分量同时作分解,从而可聚焦到任意频段。

1992年,多瑙荷(Donoho)提出“内插小波”的概念[223],把迭代对称内插泛函与正交小波细分过程相结合,可以很好地消除马拉误差。因信号是有限长度的,处理前须先延拓,避免造成边界效应。1993~1994年,“区间小波”[224]的构造方法应运而生。Goodman基于多元多分辨分析,创建了多小波理论[225],并构造了样条多小波。1996年,Donovan,Germino,Hardin和Masso Pust把分形理论用于双尺度差分方程组,利用分形差值构造了DGHM多小波。

1995年,Sweldens[226]提出构造第二代小波的“提升方法”(Lifting Scheme),提升小波不再是某个特殊小波母函数的伸缩平移,此法可以构造非欧几何中不容许伸缩平移的小波基,使小波的构造不再依赖于傅里叶变换。应用提升方法还可构造多维不可分小波和加权小波等。提升小波的优点是计算速度快、占用内存少,可实现整数小波变换。

1.3 新型小波族及其图像处理应用综述

1.3.1 经典小波分析的优缺点

Do等认为,一个优秀的小波分析系统或最优的影像表示方法,应具如下特征:

(1)多分辨分析结构(Multi - Resolution Analysis,MRA):小波应具有多分辨率分析(或多尺度分析)结构,可对影像进行分辨率从低到高的连续逼近。小波变换在一系列宏观大尺度和微观小尺度上均可表达图像内容,对时长不等的信号进行细致分析。

(2)时频局部化能力(Time - Frequncy Locality):在时间域与频率域,用于表示影像的每一小波系数表示的是图像的局部瞬态信息,小波基可以限制在某一局部范围内。此能力通常由小波$\varphi(t)$或其傅里叶变换$\hat{\varphi}(\omega)$的光滑性衡量。

(3)边缘检测和能量聚集性(Edge Detection & Energy Compaction):小波属于局部边缘检测算子,只有在小波的支撑域内存在边缘时才会出现显著的小波系数,平滑区域对应的小波系数趋向于零,因此图像边缘可由较大的小波系数标识,且自然图像可以通过较为显著的小波系数及对应尺度系数进行重构。

(4)平移不变性(Shiftability):小波变换应具有近似平移不变性。

(5)方向性和各向异性(Direction & Diversity):经典小波分解后仅有水平、垂直、对角三个方向的信息表示,新型多尺度小波则应反映多方向属性,并可在不同方向自由伸缩,对各方向的奇异特征进行有效刻画,以期达到对影像的最优逼近。

(6)可逆性和冗余性(Inverse & Redundancy):小波函数系应是规范正交的或双正交

的，或构成紧框架（Compact Frame）。在数据突变点临界采样，形成较小的冗余表示，且有快速算法来实现相应的分解和重构。

（7）解相关性（De - correlation）：图像的小波变换系数在尺度内和尺度间呈现近似局部解相关。小波系数的分布具有非高斯特性，服从拉普拉斯分布或广义高斯分布。小波变换后的图像应比原图像结构更为简单，更易刻画统计特性。

小波具有多分辨分析结构和时频局部化的优点。但经典小波在一维信号处理上所具有的优越性无法简单推广到二维或更高维，由一维小波张成的可分离小波只有三个方向：垂直、水平和对角线，图像的几何正则性无法得到充分利用，无法最优表示包含曲线奇异的高维函数。对于二阶可微的光滑曲线奇异，经典小波的非线性逼近误差衰减级只能达到 M^{-1}[190]。

具体来说，经典小波变换在高维信号分析中存在的缺陷主要包括[191]：

1. 平移敏感性：平移敏感性是指信号的微小平移会引发小波系数在奇异点附近的严重扰动。Strang[192]最早观察到离散小波变换的平移敏感性，证明这种平移敏感性是由实现离散小波变换过程中的下采样造成。奇异特征平移引起的小波系数大范围波动使小波域处理变得极其复杂[193~195]。

2. 混叠性：小波系数由交替使用非理想低通和高通滤波器和下采样算子获得，这种宽间隔采样会导致混叠现象发生。如果小波和尺度系数都不变，离散小波逆变换 IDWT 就能消除混叠，但事实上，诸如阈值、滤波和量化等小波系数的处理过程必将打破原变换与逆变换间的微妙平衡，导致重构信号失真。

3. 弱方向性：若一个高维变换的变换系数只能区分空域中的寥寥几个方向特征，就认为变换的方向选择性较弱。较高维的傅里叶变换对应于具有高度方向性的平面波，而高维小波的标准张量积构造遵循“棋盘”模式，只能同时沿着少数固定方向定位。如可分离二维离散小波变换仅仅将频域划分为三个方向子图，对带有脊和边缘等奇异特征的图像处理非常困难。

4. 缺少相位信息：嘉伯分析不能使用哈尔空间的原子分解函数，而这种分解能提供对信号处理非常有价值的相位信息。Granlund 和 Knutsson[197]指出，相位信息可描述函数幅值和局部特征；Torresani 和 Beylkin[198]证明，函数的幅度—相位表示比函数本身振荡轻微，这种表示使信号处理算法具有强鲁棒性。但多数 DWT 的实现都采用实值小波滤波器，无法获得相位信息。

为了弥补经典小波的缺憾，又能够保持小波多分辨分析和时频局部化能力，1998 年以来，道波茜，Vetterli，马拉，多瑙荷，金伯利（Kingsbury）等小波分析名家相继创建了一系列与经典小波相似而又各具特色的新型小波。这些种类繁多、名目各异的新型小波多尺度分析现在仍然层出不穷。它们刻画多维信号奇异特征的能力均比经典小波出色，但也存在计算量大、实时性差等缺点。深入研究其理论，设计出计算复杂度低的高效算法，可提高数字图像多维数据处理的效果。

1.3.2　新型小波系统的改良

1.3.2.1　降低平移敏感性

为降低经典离散小波变换的平移敏感性，马拉[199]、Beylkin[200]和Guo[201]设计了非抽取(Undecimated)离散小波变换，不进行下采样。它是完全平移不变的，但因不进行下采样而有高冗余度，导致计算量巨大，好看不好用。Liang和Parks[202]，Benno等[203]采用最优小波设计和最优基降低平移敏感性。Selesnick[204]设计了双密度离散小波变换(DDWT)，它是离散小波变换的低冗余度延拓。

1992年，Simoncelli[205]首创了"可平移性"（Shiftability）概念来衡量平移敏感性。若原始信号平移时，变换子图的能量保持不变，则称变换是可平移的。可平移的充分必要条件是Nyquist标准，基于香农(Shannon)小波的DWT是唯一可平移且非冗余的DWT，但这一特殊的DWT无法实现。Simoncelli于是设计了可转向金字塔(Steerable Pyramid)，这是一种可平移、不可分、高冗余、多方向的新型多尺度小波。

Magarey[206]用准解析小波DWT树构造复系数小波变换，对应该树的复系数滤波器近似具有实系数树的半个带宽，Nyquist标准在每个子图中近似满足，从而此复小波DWT具有近似可平移性。但此准解析DWT不可逆，无法用于处理。为克服此缺点，Kingsbury[207,208]提出了二元树复小波变换(Dual Tree Complex Wavelet Transform，DTCWT)，它是一组可逆的正交DWT树对，具有有限冗余性(例如，对D维信号具有2D倍冗余，冗余度与分解层数无关)和近似可平移性。Selesnick[209]提出一种设计具有特定长度和消失矩的正交小波对的谱因子分解方法。国防科学技术大学的王红霞和严奉霞在成礼智[112]的指导下，在她们的博士论文[184,28]中对二元树复小波的性质和构造进行了深入研究。

1.3.2.2　增强方向选择性

强方向性的空域表现形式是能量在傅里叶域内以楔形(Wedge－shaped)聚集。因此，采用具有楔形通带的不可分滤波器是增强方向性的最直接方法。

1992年，Bamberger和Smith[210]构建了方向滤波器组(Direction Filter Banks，DFB)，用非冗余可逆不可分滤波方法获得了具有优异方向性的楔形通带。后来，Park[211]用线性相位滤波器去除方向滤波器组子图中的相位失真。方向滤波器组的缺点是，其基函数非平滑且不具有多尺度分解，无法区分方向相同而尺度不同的特征。Do和Vetterli[188]弥补了这两个缺点，他们在设计DFB时应用了正则约束来构造平滑基函数，与拉普拉斯金字塔(Laplacian pyramid)结合，得到了金字塔方向滤波器组，即轮波(Contourlet)。

方向滤波器组和可转向金字塔用楔形通带不可分滤波器来增强方向性，另一种思路是设计可对边界进行最优表示的小波变换。多瑙荷[161]定义了一个由在不同位置、方向和尺度的示性函数构成的超完备集，称为楔形波（wedgelets）。

为得到图像中直线的最优表示，坎德斯（Candes）[78]和多瑙荷[212]用 Radon 域小波分解定义了单尺度脊波（Ridgelet）。由于单尺度脊波不具有多尺度分解，他们又定义了多尺度脊波，即曲波（Curvelet）[89;144]。曲波能进行多尺度分析，对在曲线边界不连续的图像进行最优表示。西安电子科技大学的焦李成[213;214]等人对曲波多尺度变换做了深入研究。

2000 年，E. L. Pennec 和马拉认为：若能预先知道图像的几何正则性并加以利用，将会提高图像变换方法的逼近度。他们据此提出了 Bandelet[164;215]，其思想是把图像中的几何特征定义为向量场，其方向表示图像灰度值变化的局部正则方向，这样小波就能自适应跟踪图像的几何正则方向。

上述不可分变换方向性都很好，但其设计和实现比可分离变换困难。Watson[216]和 Burns 设计了可分离解析滤波器（Analytic filter）（抑制频带在区间$[-\pi,0)$的复系数滤波器），对傅里叶平面的划分比实系数滤波器稠密，产生许多方向子图，可区分不同特征方向，由此增强了方向性。在准解析（Quasi - analytic）DWT 中，Magarey 和 Kingsbury 用这种方法得到六个方向子图。

1.3.2.3 提供相位信息

多数 DWT 实现都用实值小波的实系数滤波器，没有相位信息。由于复系数可以为信号处理提供丰富信息，研究者开始利用复系数的多尺度变换。最早的复系数滤波器 DWT 是作为业已存在的小波的复数解而得到的。

1993 年，Lawton[217]指出，正交道波茜小波不能用对称滤波器，除非这些滤波器是复系数的。他给出了道波茜小波和尺度滤波器的复数解，并指出复滤波器 DWT 可减少边界效应。Lina[218]给出了所有复道波茜小波的完全参数化表示，并用相应复滤波器实现 DWT。1999 年，Zhang[219]给出了所有复正交小波的完全参数化表示，并指出对称复系数滤波器不具有线性相位。

Cohen[220]设计了复正交准解析小波和尺度函数，与 Kingsbury 构造的系统不同，Cohen的系统并没有缩窄带宽，因而不是可平移的，但他的准解析 DWT 对音频信号的解析部分的处理非常有用。

二元树复小波变换（DTCWT）在它的复系数中提供了相位信息，与准解析小波分解相对应，并已应用于各种图像处理。Romberg[194]设计了 DTCWT 系数的隐马尔可夫树模型（HMT），进行图像去噪和纹理分类。Rivaz 和 Kingsbury[221]利用解析复小波和嘉伯小波之间的相似性进行图像检索。Reeves[222]和 Kingsbury 设计了一个从粗到细（Coarse to fine)的复小波系数尺度预测算法。

1.3.3 非自适应新型小波系统

图像的小波多尺度分析方法可分为自适应与非自适应方法两大类。自适应方法以Bandelet变换[164]为代表。非自适应小波不需要先验获知图像本身的几何特征,其典型方法即为脊波、曲波和轮波。

脊波是一种非自适应的高维函数表示,1998年由E.J.坎德斯在其博士论文[78]及文献[77]中给出基本理论。同年,多瑙荷构造了一种正交脊波基。2000年,M.N.Do[81]构造了一种数字化脊波——有限脊波变换,对图像先做有限Radon变换,再做小波变换,得到正交脊波基。但有限脊波变换在代数直线上求和,产生的环绕噪声比较大,图像效果不理想。

2002年,多瑙荷等[88]提出基于真脊函数的数字脊波变换。他用快速Slant stack方法取代了有限Radon变换,在真几何直线上求和,环绕噪声消失,效果较好。但快速Slant stack变换冗余达四倍之多,不宜做图像压缩。脊波变换对直线奇异图像可达最优逼近阶,但对曲线奇异的多变量图像的逼近阶却还不如经典小波。为了解决含曲线奇异的多变量函数的稀疏表示,1999年,坎德斯在文[227,228]中提出了单尺度脊波变换的概念,并给出了构建方法。

曲波变换由脊波变换衍生而来,坎德斯和多瑙荷[89]在1999年始创。单尺度脊波的尺度固定,而曲波变换则由多尺度脊波与特殊滤波过程组合而成,分解是在各个尺度$s\geqslant 0$上进行。

曲波变换的核心等式是各向异性尺度关系,即曲波基支撑区间宽度与长度满足:$\text{width}\approx\text{Length}^2$,符合期望中基支撑区间所应当具有的长方形形状。对于二阶可微曲线奇异的图像,曲波变换逼近阶几乎可达最优,其M项逼近误差为$CM^{-2}(\log M)\frac{1}{2}$。多瑙荷[90]构造了数字曲波变换,对于最大尺度$J$的分解,算法冗余度达$16J+1$,实际的算法与提出脊波和曲波的初衷相违背,但对去噪而言,大冗余较为有利。2002年,J.L.Starck[91]对图像进行数字曲波去噪,效果甚佳。后来他又将曲波用于图像增强[229],图像边缘也比经典小波处理得清晰。

为了解决数字曲波冗余大的问题,E.J.坎德斯等[101]又提出了第二代曲波变换,完全摆脱了对脊波变换的依赖,其冗余度仅为7.2。二代曲波变换直接在频域中定义,首先对图像做傅里叶变换,求得频域点上的傅里叶变换值,接着用一个光滑窗与分割的频域区间做内积,作二维傅里叶逆变换得到曲波变换系数。快速傅里叶变换的应用使计算量大大减少,几乎与小波变换相当。二代曲波基的支撑区间仍然满足各向异性尺度关系,不足之处是它的离散形式并不是紧框架，影响图像去噪。

2002 年，M. N. Do 和 M. Vetterli 在文献[165]中首次提出又一种新型小波：轮波(Contourlet)变换，亦称金字塔方向滤波器组。轮波变换与曲波类似，具有各向异性尺度关系，可视为变异的曲波变换。变换先由拉普拉斯金字塔(Laplacian pyramid)[113,230]对图像做多尺度分解，以检测奇异点，再利用方向滤波器组(DFilter Bank)把同向奇异点合成为一个系数。2003 年，在文献[231]中，Y Lu 和 M. N. Do 构造了一种多方向、多尺度、非冗余的图像表示 CRISP－轮波变换算法，非冗余性令其应用前景广阔。

1.4 本书的研究内容与组织结构

全书共分九章，其组织结构和研究内容如下：

第 1 章为绪论或引言。本章简要回顾了经典小波理论的源流与发展，概述了连续小波、离散小波、多分辨分析，以及几种工程实践常用的经典小波。对小波理论在信号和图像处理领域的应用作了归纳阐述，指出了其优缺点。进而，针对经典小波的缺陷改良，介绍了新型小波系统的发展沿革和现状，主要包括脊波变换(Ridgelet)、曲波变换(Curvelet)、轮波变换(Contourlet)等，阐述了新型小波系统与相应滤波器结合用于图像处理的主要思想和算法，以及存在的问题和改进的方向。

第 2 章为数字音像信号的小波去噪方法研究。本章简要介绍了数字音频和图像信号的小波去噪理论，对一维音乐信号和二维标准图像重点讨论了小波阈值去噪算法，给出了常用的硬阈值、软阈值、半软阈值函数去噪方法，并分别对一维音乐信号(含有噪声的歌曲片段)和二维标准图像(包括 Lena 图和 Boats 图)进行了去噪仿真实验，并根据峰值信噪比(PSNR)等判别参数，将实验结果进行了对比。

第 3 章为纹理图像处理中的小波应用研究。从纹理图像的角度解构地图，可以发现地图(特别是遥感图像)完全具有纹理图像的属性，可以作卡通(Cartoon)和纹理部分分解。本章给出了离散小波框架变换的定义和用它来进行纹理刻画的方法，由此，结合嘉伯小波和支持向量机 SVM 提出了图像分割算法，并对标准纹理图像库图像和北京地区遥感地图进行了纹理图像分割实验。

第 4 章为图像处理中脊波和曲波变换方法研究，重点是离散形式的数字脊波和数字曲波变换的图像分解算法。比较了基于全局和局部对偶框架的 GDF 算法和 LDF 算法，将图像分解为卡通部分和纹理部分。使用坎德斯提出的快速离散曲波算法，对标准 Lena 图像和含噪北京地区遥感图像用曲波阈值算法进行了去噪实验。

第 5 章为嘉伯小波的图像目标识别方法研究，给出了二维嘉伯滤波器基函数的一般形式和图形，讨论了滤波器选取原则、设计方法和特征提取步骤，并用基于纹理分析的嘉伯方法对遥感图像目标区域进行特征提取和边缘刻画。

第6章为轮波变换与影像融合方法研究，轮波变换是小波变换在二维空间的延续，具有良好的多分辨率、局部化及方向性特征，重点讨论了方向滤波器组的设计。针对合成孔径雷达SAR影像与多光谱影像的融合，探讨了基于多孔atrous小波与广义IHS变换结合的融合方法，并通过改变阈值来控制对多光谱影像信息的集成幅度。

第7章为基于曲波的测地线蛇形活动轮廓研究，把测地线活动轮廓（GAC）用曲波演化方法进行多尺度改进，获得曲波测地线蛇形活动轮廓（CGS）。结合水平集将曲波变换应用于多目标分割，探讨了边界探测函数的构造（如取线性分式函数或箕舌线函数），总结了曲波测地线活动轮廓图像去噪算法及其实验结果。

第8章对复小波基本概念和小波域图像去噪基本理论作了简单介绍，主要包括双正交完全重构滤波器理论和二元树复小波变换，包括近似平移不变性、方向选择性及其实现问题，重点研究了希尔伯特变换对和二元树复小波变换的设计、双变量收缩函数和复小波域内基于系数尺度相关性的图像去噪算法，并进行了去噪仿真实验。

第9章为总结与展望。提出“全息地图”的概念。

1.5　主要创新点和贡献

本书的主要创新点和贡献如下：

1. 系统总结了经典小波理论的源流与发展，以及新型小波系统的发展沿革和现状，阐述了新型小波系统与相应滤波器结合用于图像处理的主要思想和算法，以及存在的问题和改进的方向。论文成果发表在2010年13卷1期《高等数学研究》上后，被引频次和转发次数的百度搜索结果达到数百条。

2. 使用小波阈值去噪方法对一维音乐信号（含有噪声的歌曲片段）和二维标准图像（包括Lena图和Boats图）进行了去噪仿真实验。论文成果发表在2015年12卷1期《长江大学学报》。

3. 从纹理图像的角度理解地图，将遥感图像作为特殊的纹理图像类型，用离散小波框架变换加以分割与刻画。

4. 比较了基于全局和局部对偶框架的GDF算法和LDF算法，将坎德斯提出的快速离散曲波算法应用于遥感图像处理。

5. 把测地线活动轮廓（GAC）用曲波演化方法进行多尺度改进，获得曲波测地线蛇形活动轮廓（CGS）。构造了箕舌线函数和高斯函数调制形式的边界探测函数。

6. 探讨了复小波二元树和希尔伯特变换对的构造。提出“全息地图”的构想。

第2章 数字音像信号小波去噪方法

2.1 小波在一维语音信号去噪中的应用

2.1.1 小波滤波去噪方法的工程背景

信号中包含的噪声会造成干扰(Interference),产生误差,影响信号分析的精确性。为消除噪声,提高含噪数据的可行性,需要用滤波方法进行预处理。滤波即是从信号中过滤噪声,需要在特定准则约束下,获得信号的最优估计。它是数字信号处理的重要内容,在信号分析、图像处理、模式识别、自动控制等领域应用广泛。

修匀法是目前最简单的滤波方法之一,这是一种简单几何滤波法。若信号和噪声的频谱互不重叠,即可用带通滤波器去噪;若频谱重叠,可用维纳(Wiener)滤波法计算信号的线性最小均方差估计。但这要求解复杂的 Wiener - Hoff 方程,因此维纳滤波在实际应用中难以实现。

与维纳滤波相似,20 世纪 60 年代初提出的卡尔曼(Kalman)滤波也是一种线性滤波方法,在最小均方差约束下给出信号的最佳估计。它不需要求解 Wiener - Hoff 方程,采用递推算法在时域中计算,速度快、实时性强,此外还适用于一些非平稳信号滤波。

自适应滤波是一种有限脉冲响应维纳滤波器,不必求解 Wiener - Hoff 方程来得到最佳单位脉冲响应,而是利用原始信号与输出信号间的误差调整滤波参数,使其收敛于最优值。

自马拉建立小波变换多分辨分析快速算法以来,一系列小波滤波方法建立起来。它具有许多优于传统方法的去噪性能,已在许多工程领域获得了应用。

2.1.2 一维语音信号小波滤波基本方法

一维语音信号小波滤波的古典方法主要包括:(1)根据马拉的小波多尺度分析,用小波变换的分解与重构去噪。(2)根据马拉的小波变换信号奇异性检测理论,用小波变换模极大值原理去噪。

1994 年,多瑙荷和 Johnstone 构建了非线性小波阈值去噪方法,主要采用硬阈值。1996 年,基于阈值法基础,考伊夫曼和多瑙荷提出了平移不变量小波去噪方法。Gao 和 Bruce 推广了多瑙荷阈值法,提出了半软阈值法,分析了各种收缩函数(Shrinkage)的特性,确定了极小极大阈值和阈值估计的偏差与方差计算公式。半软阈值法连续性好于硬阈值法,偏差小于软阈值法。

上述方法主要适用于高斯白噪声(White Noise)的滤除,而不具有一致分布的非高斯白噪声去噪法则较难构造。1999 年,Novak 等针对光子图像的小波变换域滤波算法,提出了 PRESS - 最优滤波器,它是介于软硬阈值之间的方法,对泊松噪声(Poisson noise)滤波效果较好。2000 年,Chang 等结合了平移不变性和自适应阈值法,提出自适应小波阈值去噪法,其亮点是阈值可根据图像自身的统计特性而自适应变化。

下面简述小波滤波的若干基本原理。

对于信号函数 $x(t) \in L^2(R)$,利用经尺度因子伸缩的母小波 $\psi_s(t) = \frac{1}{s}\psi\left(\frac{t}{s}\right)$,其小波变换定义为

$$W_x(s,t) = \langle x, \psi_s(t) \rangle = \frac{1}{s}\int_R x(\tau)\psi\left(\frac{t-\tau}{s}\right)\mathrm{d}\tau \tag{2-1}$$

定义 2.1　设 n 为正整数且 $n \leqslant \alpha < n+1$,则称函数 $x(t) \in L^2(R)$ 在 t_0 处的李普希茨(Lipschitz)指数为 α,当且仅当存在常数 K 和 h_0,以及 n 阶多项式 $P_n(h)$,使得对 $h < h_0$ 满足

$$|x(t_0 + h) - P_n(h)| \leqslant K\, |h|^\alpha \tag{2-2}$$

定义 2.2　若 $x(t)$ 在 t_0 处的李普希茨指数小于 l,则称函数 $x(t) \in L^2(R)$ 在 t_0 点是奇异的。我们用傅里叶变换 $\hat{x}(w)$ 的渐衰性来定义 $x(t) \in L^2(R)$ 的李普希茨指数。若有界函数 $x(t)$ 满足

$$\int_{-\infty}^{+\infty} |\hat{x}(\omega)|(1 + |\omega|^\alpha)\mathrm{d}\omega < +\infty \tag{2-3}$$

则称 $x(t)$ 的李普希茨指数为 α。上式给出了 $x(t)$ 在全实轴的奇异性度量的充分条件,但无法确定某点 t_0 处的局部奇异性。

定理 2.1　对函数 $x(t) \in L^2(R)$,设 $\alpha \in (0,1)$, $x(t)$ 在区间 $[a+\varepsilon, b-\varepsilon]$ 上的一致李普希茨指数为 α,当且仅当任给 $\varepsilon > 0$,存在常数 K_ε,对 $t \in [a+\varepsilon, b-\varepsilon]$ 和 $s > 0$,有

$$|W_x(s,t)| \leqslant K_\varepsilon s^\alpha \tag{2-4}$$

定理 2.2　设 n 为正整数且 $\alpha \leqslant n$,若函数 $x(t) \in L^2(R)$ 在 t_0 处的李普希茨指数为 α,则存在常数 K,对 t_0 点某邻域内的所有 t 和任意尺度 $s > 0$,有

$$|W_x(s,t)| \leqslant K_\varepsilon(s^\alpha + |t - t_0|^\alpha) \tag{2-5}$$

定义 2.3　若某函数 $\theta(t)$ 可被箕舌线函数 $\frac{1}{1+t^2}$ 控制：$\theta(t) = O\left(\frac{1}{1+t^2}\right)$，且它的积分非零，则称为平滑函数。例如高斯函数 $\theta(t) = \mathrm{e}^{-\frac{t^2}{2}}$。

可选择平滑函数的一阶导函数为小波，即 $\psi(t) = \frac{\mathrm{d}\theta(t)}{\mathrm{d}t}$，记 $\theta_s(t) = \frac{1}{s}\theta\left(\frac{t}{s}\right)$，即小波变换 $W_x(s,t)$ 可表示为函数 $x(t)$ 在尺度 s 被 $\theta_s(t) = \frac{1}{s}\theta\left(\frac{t}{s}\right)$ 平滑后的导数。

定义 2.4　在尺度 s_0 下，若 $\frac{\partial W_x(s_0,t)}{\partial t}$ 在 t_0 处有一过零点，则称点 (s_0,t_0) 是局部极值点。若对 t_0 邻域内的任意点 t，有 $|W_x(s_0,t)| \leqslant |W_x(s_0,t_0)|$，则称点 (s_0,t_0) 为小波变换的模极大值点。所有模极大值点在尺度空间 (s,t) 中的连线称为模极大值线。

定理 2.3　设函数 $x(t)$ 是一个平稳信号，其小波变换定义域为区间 $[a,b]$，$t_0 \in [a,b]$，若存在尺度 $s_0 > 0$ 和常数 C，对 $t \in [a,b]$ 和 $s < s_0$，$W_x(s,t)$ 的所有模极大值点属于一个锥（Cone）

$$|t - t_0| \leqslant Cs \tag{2-6}$$

则对所有 $t_1 \in [a,b]$，$t_1 \neq t_0$，函数 $x(t)$ 在 t_1 邻域内的一致李普希茨指数为 n。设 $\alpha < n$，若存在某常数 K，对于每个锥内模极大值点，成立

$$|W_s x(t)| \leqslant Ks^\alpha \tag{2-7}$$

则称函数 $x(t)$ 在 t_0 点的李普希茨指数为 α，

2.1.3　小波变换模极大值的奇异点传播特性

对于二进小波，尺度 $s = 2^j$，式（2-7）成为

$$|W_{2^j} x(t)| \leqslant K2^{j\alpha} \tag{2-8}$$

上式把小波变换的尺度参数 j 与李普希茨指数 α 联系起来。当 $\alpha > 0$ 时，小波变换模极大值点的幅值将随着尺度参数 s 的增大而增大。当 $\alpha < 0$ 时则随 s 的增大而减小。当 $\alpha = 0$ 时，幅值不随尺度而改变。

表征边缘特性的另一个参数是平滑因子 σ，边缘 $x(t)$ 可视为原始的奇异函数 $h(t)$ 与高斯函数 $g_\sigma(t)$ 作卷积的结果，即

$$x(t) = h(t) * g_\sigma(t), g_\sigma(t) = \frac{1}{\sqrt{2\pi}\sigma}\exp\left(-\frac{t^2}{2\sigma^2}\right) \tag{2-9}$$

平滑因子 σ 刻画了信号边缘过渡的快慢。易证：若小波 $\psi(t)$ 为高斯函数 $g_\sigma(t)$ 的导函数，用 $\psi(t)$ 对 $x(t) = h(t) * g_\sigma(t)$ 作小波变换，则有

$$|W_{2^j}x(t)| \leqslant K2^j\ (2^{2j}+\sigma^2)\ \frac{\alpha-1}{2} \tag{2-10}$$

2.1.4 高斯白噪声的小波变换模极大值的尺度传播特性

设有高斯白噪声 $n(t)$，方差为 σ^2，$W_{2^j}n(t)$ 是它的二进离散小波变换，也是随机过程，其方差为

$$E(|W_{2^j}n(t)|^2) = \int_{-\infty}^{+\infty}\int_{-\infty}^{+\infty} E(n(u)n(v))\psi_{2^j}(t-u)\psi_{2^j}(t-v)\mathrm{d}u\mathrm{d}v = \int_{-\infty}^{+\infty}\sigma^2\psi_{2^j}{}^2(t-u)\mathrm{d}u \tag{2-11}$$

又 $\psi_{2^j}{}^2(x) = \frac{1}{2^j}\psi\left(\frac{1}{2^j}x\right)$，故

$$E(|W_{2^j}n(t)|^2) = \frac{\sigma^2}{2^j}\ \|\psi\|^2 \tag{2-12}$$

由于小波函数具有紧支集，$\|\psi\|^2$ 为常数，σ^2 亦然，故 $E(|W_{2^j}n(t)|^2)$ 的平均幅值反比于尺度 2^j。因 $n(t)$ 为高斯白噪声，$W_{2^j}n(t)$ 亦然，模极大值点的平均密度是

$$d_s = \frac{\sigma^2}{2^j\pi}\left(\frac{\|\psi^{(2)}(t)\|}{2\|\psi^{(1)}(t)\|} + \frac{\|\psi^{(1)}(t)\|}{\|\psi(t)\|}\right) \tag{2-13}$$

式中，$\psi^{(1)}(t)$ 为 $\psi(t)$ 的一阶导数，$\psi^{(2)}(t)$ 为二阶导数。可见，高斯白噪声的平均密度与尺度 2^j 成反比，尺度越大，密度越稀。

2.1.5 一维音频信号去噪算法

为估计信号的李普希茨指数，须对信号在一个稠密的尺度序列上作连续小波变换，以寻找模极大值线。实践中即兴算法可用来搜索。若尺度 2^j 上的模极大值点与尺度 2^{j+1} 的模极大值点共线，则称一点传播到另一点。若尺度 2^j 上的点 a 与相邻的尺度 2^{j+1} 上的点 b 同号，且幅值较大，则称 b 为 a 的传播点。

因白噪声的李普希茨指数为 $-\frac{1}{2}-\varepsilon<0$，小波变换模极大值点的幅值和平均密度应当随 j 的增大而减小。若随尺度的减小，幅值与密度反而急速增大，则表明此点被噪声控制了，应予滤除。大尺度下小波变换的模极大值点主要属于信号。因此沿尺度方向的传播点可予以保留，其他点则可删除。

一维音频信号小波去噪的模极大值算法如下：

算法 2.1　一维音频信号小波去噪的模极大值算法

1）利用二进小波对含噪信号作变换，可取较大尺度，例如取最大尺度 $J=4$。

2）在各尺度上搜索小波变换模极大值点。

3）对最大二进尺度 2^J 上的模极大值点如下处理：设最大模极大值点幅值为 A，$Z=2$，噪声功率为 N，设定阈值为

$$T=\frac{\log_2(1+\sqrt{N})}{J+Z}A \tag{2-14}$$

对幅值小于 T 的模极大值点予以去除。

4）对于尺度 2^J 上的模极大值点 t_0，依如下"搜索法"步骤确定 t_0 的传播点，并剔除尺度 2^j，$1\leqslant j\leqslant J-1$ 上的非模极大值点。

①设 t_0 的左相邻点为 t_1，t_1 的传播点为 $t_1^{(1)}$，右相邻点为 t_2，则确定搜索区间为 $[t_1^{(1)},t_2]$；

②若 $t_0^{(1)}\in[t_1^{(1)},t_2]$ 且 $t_0^{(1)}=t_0$，且 $W_{2^j}x(t_0^{(1)})$ 和 $W_{2^j}x(t_0)$ 同号，则 $t_1^{(1)}$ 为 t_0 的传播点；

③若不存在 t_1 对应的传播点 $t_1^{(1)}$，则以 t_0 为中心分别向左向右搜索，若 $t_0^{(1)}\in[t_1^{(1)},t_2]$，且满足

$$\| W_{2^j}x(t_0^{(1)})-W_{2^j}x(t_0)\| \leqslant \| W_{2^j}x(t_k)-W_{2^j}x(t_0)\|,\ \forall t_k\in[t_1^{(0)},t_2] \tag{2-15}$$

则 $t_0^{(1)}\in[t_1^{(1)},t_2]$ 为 t_0 的传播点；

④若 $|W_{2^j}x(t_0^{(1)})|\geqslant 2|W_{2^j}x(t_0)|$，则视 $t_0^{(1)}$ 和 t_0 为噪声的模极大值点，剔除；否则，保留点对 $(t_0,t_0^{(1)})$；

⑤若 $\mathrm{sig}(n)=0$，则在区间 $[t_1^{(1)},t_0]$ 上搜索尺度 2^j，$1\leqslant j\leqslant J-2$ 内的模极大值点；

⑥执行上述程序直至尺度 2^2；

⑦在保留的点对中，若存在 $(t_i,t_i^{(1)})$，$(t_i^{(1)},t_i^{(2)})$，…，则保留 $(t_i,t_i^{(1)},\cdots,t_i^{(j-2)})$ 为模极大值线点。

⑧利用尺度 2^J 至 2^2 上的模极大值点，算出平滑因子 σ 和李普希茨指数 α。

5）利用交替投影法，对保留的模极大值点重构去噪后的信号。

2.2　非线性小波阈值音乐去噪

2.2.1　选择小波基和小波分解层数

常用的小波去噪方法包括模极大值法、相关去噪法和阈值去噪法，阈值去噪法最为常用。其原理是小波变换能量系数的相对集中性，由此可对变换系数进行阈值处理，取

大舍小，滤除噪声。去噪过程中的关键点是：①选择合适的小波基及小波分解层数；②选择合适的小波阈值和阈值函数。确定合适的小波基和小波分解层数的解决方案是：①依据小波优越性判别标准，选择具有较短紧支撑的正交小波基，拥有高阶消失矩，对称性良好，且具有一定的光滑性；②选定小波分解层数 J，分解含噪信号；③选择不同小波分解层数，再度进行分解并比较去噪结果，直至达到最优层数。

2.2.2 选择阈值函数

实践中常用的阈值包括硬阈值和软阈值。硬阈值函数形如：

$$\hat{x} = T_h(\gamma,t) = \begin{cases} \gamma, & |\gamma| \geqslant t \\ 0, & |\gamma| < t \end{cases} \tag{2-16}$$

其中，t 为阈值，γ 为小波系数。

软阈值函数形如

$$\hat{x} = T_h(\gamma,t) = \begin{cases} \mathrm{sgn}(\gamma)(|\gamma| - t), & |\gamma| \geqslant t \\ 0, & |\gamma| < t \end{cases} \tag{2-17}$$

式中，$t = \sigma\sqrt{2\log(N)}$ 是阈值，σ 是噪声均方差，N 是含噪信号序列长度。

另外，还有一种不常用的“几乎硬”阈值，其定义为：

$$\hat{x} = T_h(\gamma,t) = \begin{cases} \mathrm{sgn}(\gamma)(\sqrt{|\gamma|^2 - t^2}), & |\gamma| \geqslant t \\ 0, & |\gamma| < t \end{cases} \tag{2-18}$$

2.2.3 选择阈值

通常可依据四种规则来选取阈值 t：sqtwolog 规则，rigrure 规则，minimaxi 规则和 heursure 规则。以下均设含噪信号 $x(t)$ 在尺度 $1 \sim j(1 < j < J)$ 上的小波系数总个数和为 n，J 为二进尺度，噪声均方差为 s。

（1）通用阈值 t_1（sqtwolog 规则）

通用阈值定义为

$$t_1 = \sigma\sqrt{2\ln n} \tag{2-19}$$

（2）Stein 无偏风险阈值 t_2（rigrure 规则）

基于无偏似然估计原理，计算给定阈值 t 的极大似然估计，再将 t 最小化，即得 Stein 无偏风险阈值。

设向量 W 的元素是从小到大顺序排列的小波系数的平方，即 $W = (w_1, w_2, \cdots, w_n)$ 且 $w_1 < w_2 < \cdots w_n$，设风险向量 R 的元素为

$$r_i = [n - 2i - (n - i)w_i + \sum_{k=1}^{i} w_k]/n, i = 1,2,\cdots,n \tag{2-20}$$

以最小元素值 r_b 为风险值，由 r_b 的下标 b 确定对应的 w_b，则 Stein 无偏风险阈值为

$$t_2 = \sigma \sqrt{w_b} \tag{2-21}$$

（3）试探法（启发式）的无偏风险阈值 t_3（heursure 规则）

设 n 个小波系数平方和为 s，令 $\eta = (s - n)/n$，$\mu = (\log_2 n)3/2\sqrt{n}$，则试探法（启发式）的无偏风险阈值定义为

$$t_3 = \begin{cases} t_1, & \eta < \mu \\ \min(t_1, t_2), & \eta > \mu \end{cases} \tag{2-22}$$

（4）极小极大准则阈值 t_4（minimaxi 规则）

这是一种实现原始信号与去噪信号的最大均方误差最小化的固定阈值，定义为

$$t_4 = \begin{cases} \sigma(0.3936 + 0.1892 \log_2 n), & n > 32 \\ 0, & n < 32 \end{cases} \tag{2-23}$$

其中

$$\sigma = \text{middle}(|W_{1,k}|, 0 \leqslant k \leqslant 2^{J-1} - 1)/0.6745 \tag{2-24}$$

这里 $W_{1,k}$表示尺度为 1 的小波系数。

选择好合适的小波基及小波分解层数，以及合适的小波阈值和阈值函数，就可以对含噪信号进行小波滤波处理了。

含噪信号的离散形式形如 $s(i) = x(i) + \sigma z(i)$，$(i = 0,1,\cdots,n-1)$ 其中，$s(i)$ 为含噪信号，$x(i)$ 为原始信号，σ 是噪声级，$z(i)$ 是标准高斯白噪声，$z_i \sim N(0,1)$。

从含噪信号 $s(i)$ 中恢复出原始信号 $x(i)$，可依如下算法进行：

算法 2.2　一维语音信号小波去噪阈值法

（1）选择合适的小波基和小波分解层数 j，计算含噪信号的正交小波变换，将含噪信号作小波分解至 j 层，得到相应的小波分解系数。

（2）对分解得到的小波系数作阈值处理，得到原始信号小波系数的估值。

（3）作小波逆变换，获得重构信号 $\hat{x}$。

2.2.4　小波去噪性能的评价标准

去噪结果评价的主要原则有：①相似性：去噪信号和原始信号的方差估计是最差情况下的最小值。②光滑性：去噪信号和原始信号至少具有同等的光滑性。实践中，分别用去噪信号与原始信号的标准差，以及去噪信号与原始信号的能量比来衡量。

最终的去噪效果则通过信噪比来衡量，定义如下：

$$SNR(\mathrm{dB}) = 10\log_{10}\frac{\sum x(n)^2}{\sum[x(n)^2 - \hat{x}(n)^2]} \qquad (2-25)$$

式中,$x(n)$为处理前的音乐信号,$\hat{x}(n)$为处理后的音乐信号。

2.2.5 音乐信号去噪的仿真实验及结果分析

我们选择不同类型的经典小波做仿真实验,分别采用全局阈值和分层阈值去噪法,来观察不同的小波选择对去噪结果的影响。同时,选择某种固定的小波,比较这两种去噪方法的优劣。下面,我们对歌曲《butterfly》中的一段含噪音乐信号进行去噪,实验中添加的是随机噪声。

2.2.5.1 全局阈值去噪法的结果分析

编写程序,利用 db4、sym8、coif5 小波,分解层数为 4 层。实验结果如表 2-1 和图2-1～图 2-3 所示。

表 2-1 全局阈值去噪的结果

所用的小波	能量百分比	标准差	信噪比
db4	0.96272738753809	6.13199284065013	26.03078247205155
sym8	0.96475355863904	6.02896834193951	25.36824813903867
coif5	0.96429061333218	6.04505265145171	25.61099279760971

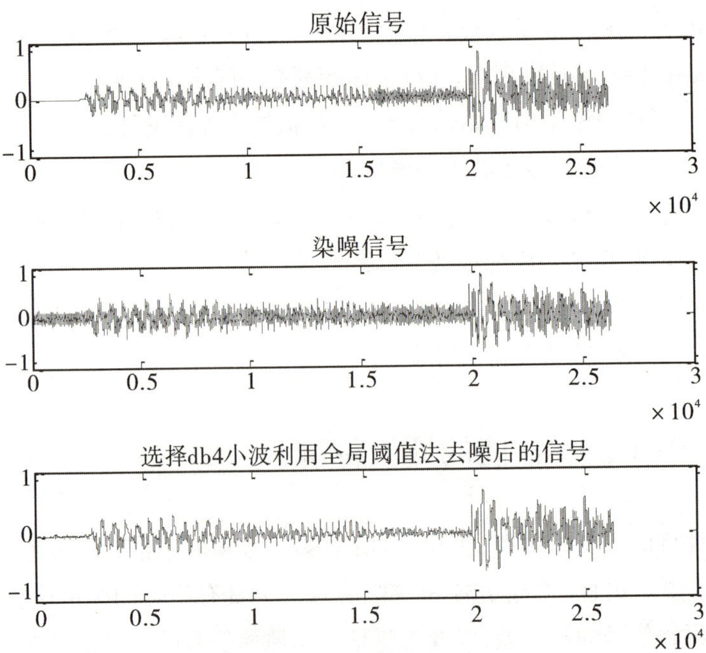

图 2-1 db4 小波分解结果示意图

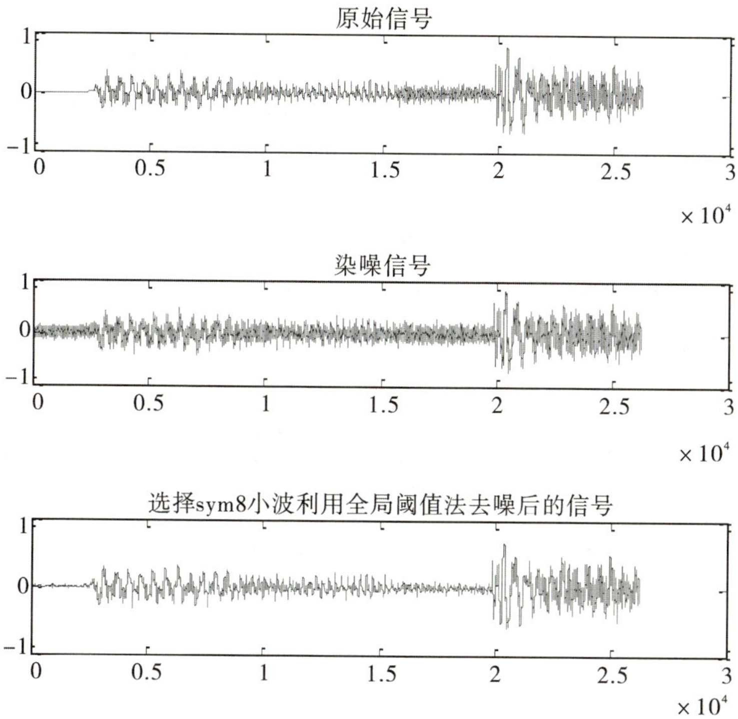

图 2 - 2　sym 8 小波分解结果示意图

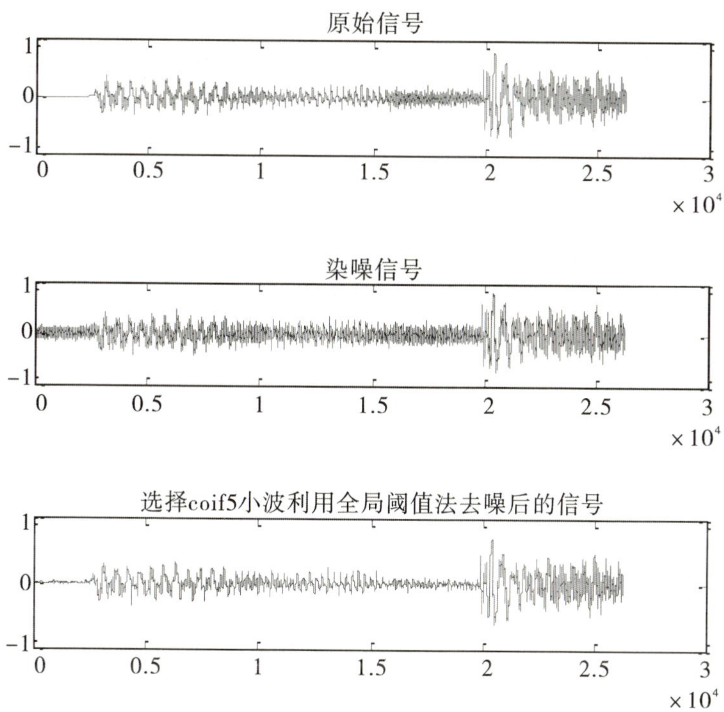

图 2 - 3　coif5 小波分解结果示意图

通过分析,我们得出如下结论:

(1)不论采用何种小波,全局阈值去噪法都能使信号的能量得到最大限度的保留。

(2)不同的小波对信号的能量比影响并不大,只是对信号的信噪比影响较显著。从结果可以看出,db4 小波所得的信噪比略高。这说明在信号去噪过程中小波的选择对去噪的结果有重要的影响。

2.2.5.2 分层阈值去噪法的结果分析

全局阈值并没有充分利用每一层的小波系数。因此,作为对全局阈值去噪法的一种改进,我们利用分层阈值对小波系数处理。实验中采用的小波是 db4、sym8、coif5,分解层数为 4 层,所得结果如表 2-2 和图 2-4 ~ 图 2-6 所示。

表 2-2 分层阈值去噪的结果

所用的小波	能量百分比	标准差	信噪比
db4	0.96897675450202	5.29048919883622	25.95859309380749
sym8	0.97044360354728	5.21905655433310	25.36745050547787
coif5	0.97005057527361	5.22684890022975	25.51000333774958

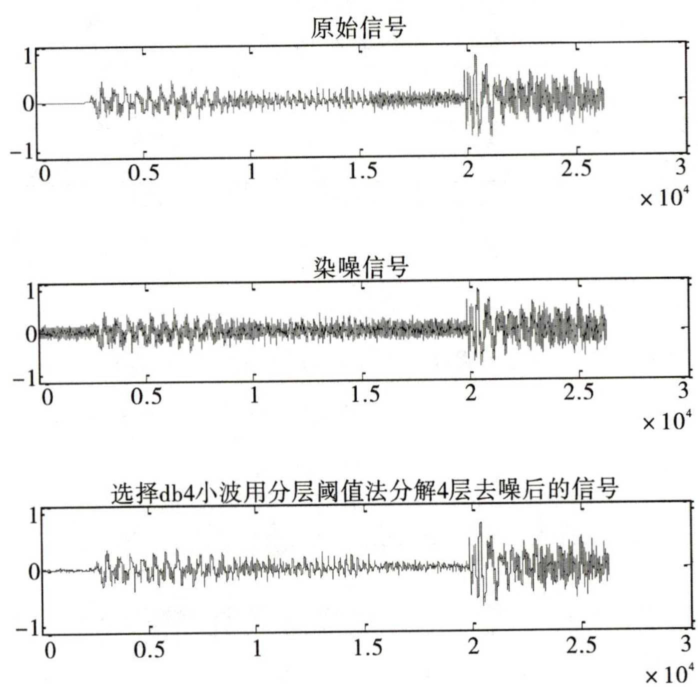

图 2-4 db4 小波分解结果示意图

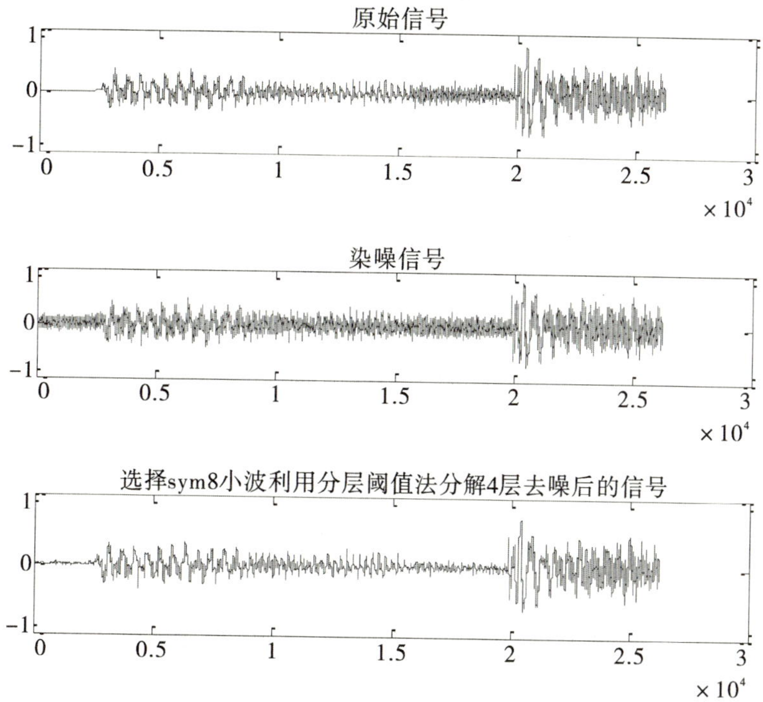

图 2－5　sym8 小波分解结果示意图

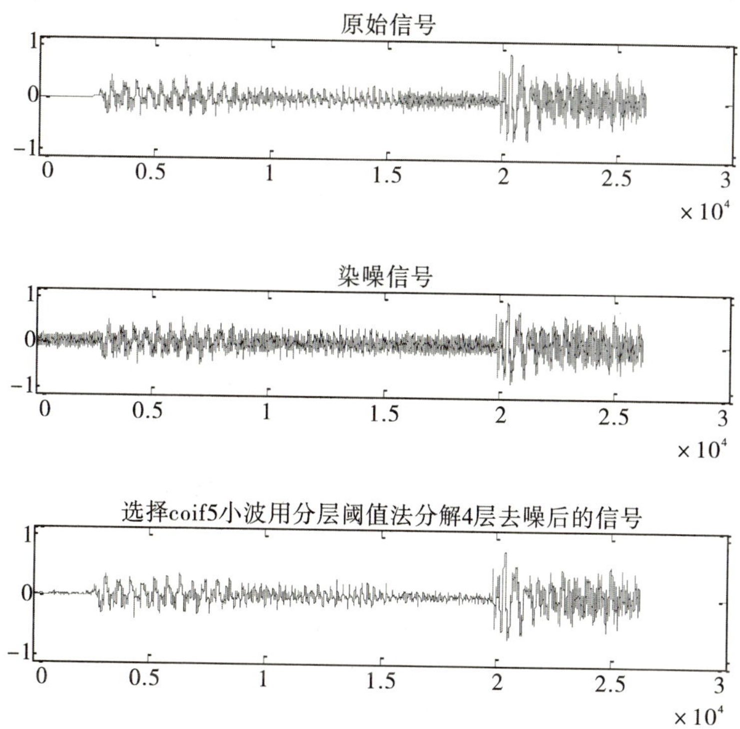

图 2－6　coif5 小波分解结果示意图

通过观察分层阈值去噪法所得结果,我们得出如下结论:

(1)相比全局阈值去噪法,信号的能量比有所提升。因为分层阈值对每一层的小波分解系数都进行了作用,滤去了更多的噪声能量。

(2)和全局阈值去噪法相同,不同的小波对信号能量比和信噪比影响并不大。

(3)和全局阈值去噪法相比,标准偏差减小,信号的整体光滑性得到了增强。

2.2.5.3 不同分解层数对去噪结果的影响比较

利用 db4 小波,对含噪音乐信号分别作分层阈值法的 3,4,5,6 层分解。所得数据与结果如表 2-3 和图 2-7 ~ 图 2-10 所示。

表 2-3 不同分解层数对去噪效果的影响的模拟结果

所用小波	分解层数	能量百分比	标准差	信噪比
db4 小波	3	0.9910	4.7840	8.9528
	4	0.9709	5.2753	25.9065
	5	0.9239	6.7436	25.7376
	6	0.8241	10.8636	18.5025

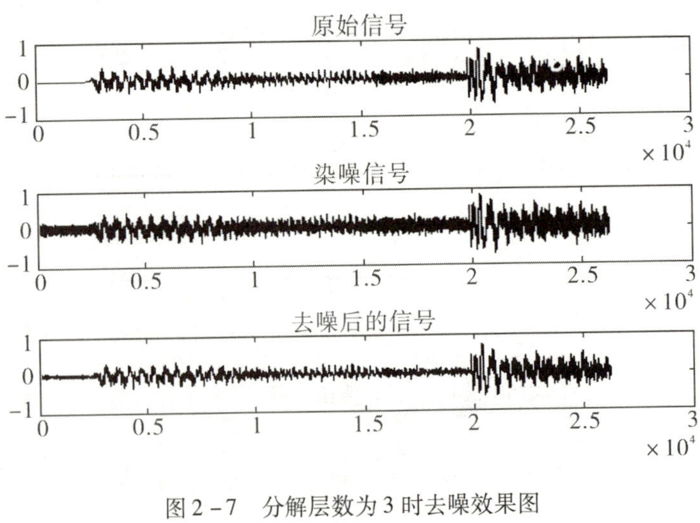

图 2-7 分解层数为 3 时去噪效果图

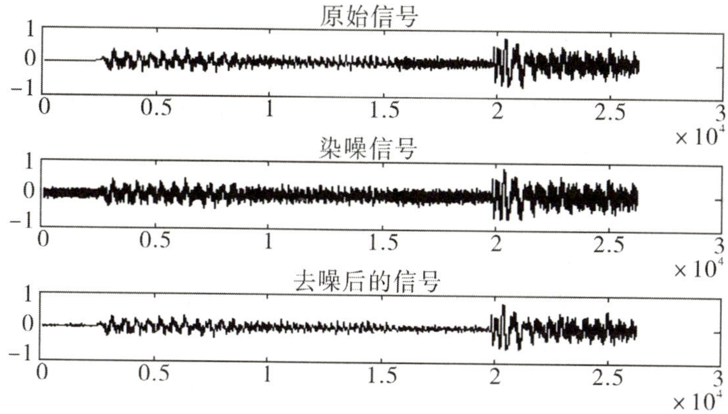

图 2-8　分解层数为 4 时去噪效果图

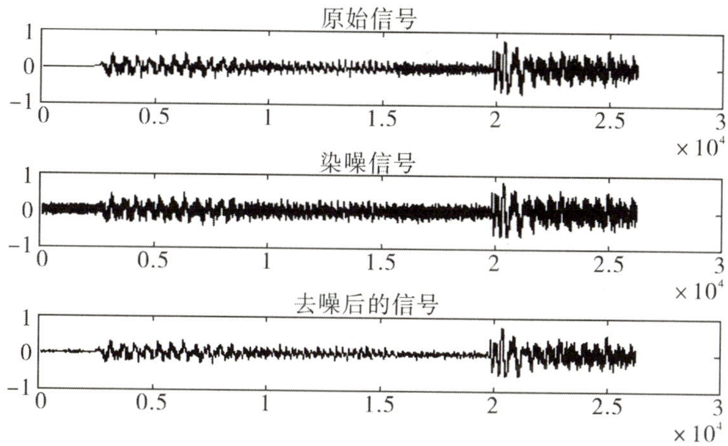

图 2-9　分解层数为 5 时去噪效果图

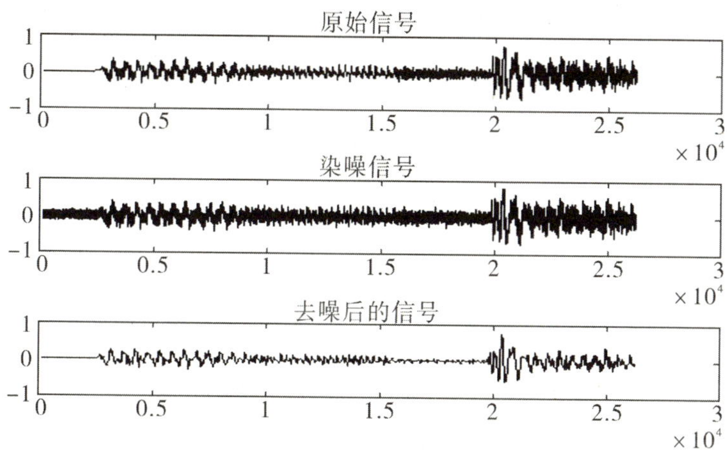

图 2-10　分解层数为 6 时去噪效果图

通过上述实验结果,可得如下结论:

(1)随着分解层数的增加,音乐信号的能量百分比呈下降趋势。主要原因在于:由于分解层数的增加,每一层的分解系数都被阈值所作用。这样,被滤去的信号的有效成分就越多,从而使得信号能量百分比降低。

(2)随着分解层数的增加,信号的标准差越来越大。这说明:随着信号的分解层数增多,信号的局部光滑性得到了增强。然而,信号的整体相似度却降低了。

(3)随着分解层数的增加,信噪比先增加,后下降。这说明:刚开始,随着信号分解层数的增加,噪声得到了有效抑制。然而,随着分解层数进一步增加(比如分解到8层时),信号的某些有效成分被误为噪声去除了,从而使得信噪比降低。这提醒我们在去噪过程中,亦当遵循“中庸之道”,信号的分解层数不宜太大,一般4~5层即可。

2.3 小波二维图像去噪方法

2.3.1 二维小波变换及快速算法

图像信号是二维信号,应用小波方法处理,须引入二维小波变换及相应快速算法。二维多分辨分析(2D-MRA)有两种:可分离和不可分离的。可分离MRA简单且应用广泛,下面介绍由一维多分辨分析的张量积空间构造的二维多分辨分析[6]。

利用一维尺度空间构造张量积,定义为j尺度下的二维尺度空间$\tilde{V}_j$:

$$\tilde{V}_j = V_j \otimes V_j = \{g(x)f(x)\}_{\forall f(x)\in V_j, g(x)\in V_j},\quad j\in Z \tag{2-26}$$

其中,符号⊗表示空间张量积,则$\{\varphi_{j,n}(x)\varphi_{j,m}(x)\}_{n,m\in Z}$是$\tilde{V}_j$的标准正交基,且有

$$\tilde{V}_{j-1} = V_{j-1}\otimes V_{j-1} = \tilde{V}_j \oplus \tilde{W}_j^1 \oplus \tilde{W}_j^2 \oplus \tilde{W}_j^3 \tag{2-27}$$

其中,$\tilde{W}_j^1 = W_j\otimes V_j$,$\tilde{W}_j^2 = V_j\otimes W_j$,$\tilde{W}_j^3 = W_j\otimes W_j$为二维小波子空间。$\{\psi_{j,n}(x)\varphi_{j,m}(x)\}_{n,m\in Z}$是$\tilde{W}_j^1$的标准正交基,$\{\varphi_{j,n}(x)\psi_{j,m}(x)\}_{n,m\in Z}$是$\tilde{W}_j^2$的标准正交基,$\{\psi_{j,n}(x)\psi_{j,m}(x)\}_{n,m\in Z}$是$\tilde{W}_j^3$的标准正交基。

由此,$\mathbf{L}^2(\mathbf{R}^2)$空间中的任意函数$f(x,y)\in\tilde{V}_0$,在二维正交小波基下的展开式为

$$\begin{aligned} f(x,y) = & \sum_j\sum_{m,n}[\alpha_{m,n}^j\psi_{j,m}(x)\varphi_{j,n}(y) + \beta_{m,n}^j\varphi_{j,m}(x)\psi_{j,n}(y) \\ & + \gamma_{m,n}^j\psi_{j,m}(x)\psi_{j,n}(y)] + \sum_{m,n}S_{m,n}^j\varphi_{j,m}(x)\varphi_{j,n}(y) \end{aligned} \tag{2-28}$$

其中,$\alpha_{m,n}^j,\beta_{m,n}^j,\gamma_{m,n}^j$分别是小波空间$\tilde{W}_j^1,\tilde{W}_j^2,\tilde{W}_j^3$的小波系数. $S_{m,n}^j$是尺度空间$\tilde{V}_j$的尺度系

数。快速分解公式为：

$$
\begin{aligned}
\alpha_{i,l}^{j} &= \sum_{k,m} h_1(k-2i)h_0(m-2l)S_{k,m}^{j-1} \\
\beta_{i,l}^{j} &= \sum_{k,m} h_0(k-2i)h_1(m-2l)S_{k,m}^{j-1} \\
\gamma_{i,l}^{j} &= \sum_{k,m} h_1(k-2i)h_1(m-2l)S_{k,m}^{j-1} \\
S_{i,l}^{j} &= \sum_{k,m} h_0(k-2i)h_0(m-2l)S_{k,m}^{j-1}
\end{aligned}
\qquad (2-29)
$$

快速重构公式为

$$
\begin{aligned}
S_{k,m}^{j-1} = &\sum_{i,l} S_{i,1}^{j} h_0(k-2i)h_0(m-2l) + \sum_{i,l} \alpha_{i,1}^{j} h_1(k-2i)h_0(m-2l) \\
&+ \sum_{i,l} \beta_{i,1}^{j} h_0(k-2i)h_1(m-2l) + \sum_{i,l} \gamma_{i,1}^{j} h_1(k-2i)h_1(m-2l)
\end{aligned}
\qquad (2-30)
$$

小波变换图像处理的基本思想是把图像分解成不同空间、不同频率的子图图像。经典小波变换下，可获得低频子图和垂直高频、水平高频、对角线高频三个方向的高频子图。低频子图可以进一步分解。图 2 – 11 给出了小波多尺度三层分解示意图。

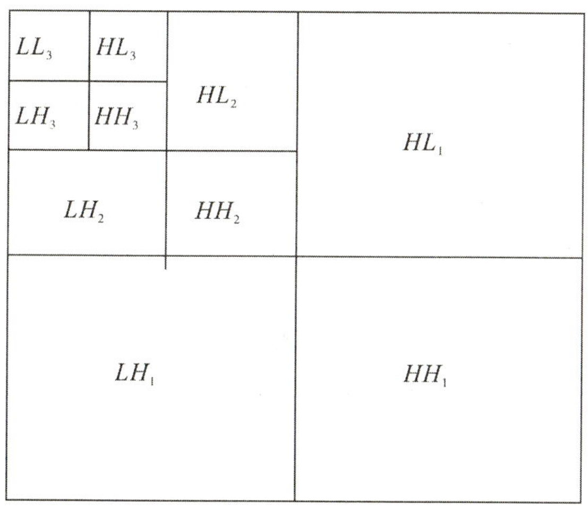

图 2 – 11　小波多尺度分解示意图

同级分辨率下，左上角（LL_3）是最低频段滤波后的低尺度逼近，HL_3 包含了水平高通、垂直低通滤波后保留的低频信息。LH_3 包含水平低通、垂直高通滤波后的细节信息，HH_3 包含水平和垂直方向都经过高通滤波后的细节信息。

小波变换后生成的小波图像的数据总量等于原始图像的数据总量，但具有与原始图像不同的特性，小波图像的能量主要集中于低频子图，而水平、垂直和对角子图的能量较少。这三个高频子图表征了原始图像在水平、垂直和对角部分的边缘信息，具有显著的方向性。低频子图可称为卡通或轮廓图像，水平、垂直和对角子图可称为细节或纹理图像。

2.3.2 二维小波去噪效果的评价指标

去噪图像质量的客观评价标准主要是均方根误差(RMSE)和峰值信噪比(PSNR)。对于一幅大小为 $M\times N$,量化级为 0 ~ 255 的图像 $f(x,y)$,分别定义为:

$$\text{RMSE} = \left(\frac{1}{MN}\sum_{x=0}^{M-1}\sum_{y=0}^{N-1}(f(x,y)-\tilde{f}(x,y))^2\right)\frac{1}{2} \tag{2-31}$$

$$\text{PSNR(dB)} = 10\log_{10}\frac{255^2}{(RMSE)^2} \tag{2-32}$$

其中,$\tilde{f}(x,y)$为去噪后的小波重构图像。式(2 - 32)表明,峰值信噪比越大,去噪效果越好。

2.3.3 二维小波图像去噪算法

对于二维原始图像 $f(x,y)$,设其离散化数字图像为 $f(i,j)$,设含噪数字图像为

$$s(i,j) = f(i,j) + \delta e(i,j) \tag{2-33}$$

其中,$i,j=0,1,\cdots,N-1$,$e(i,j)$是标准差不变的高斯白噪声。

二维小波图像去噪算法可分三步进行:

(1)含噪二维图像的小波分解。选择合适的小波基和小波分解层次 J,计算含噪信号 s 到第 J 层的分解。

(2)对于从 1 ~ J 的每一层,选择合适的阈值和阈值函数,对高频系数进行阈值。

(3)根据最终的第 J 层的小波分解低频系数和修正后的 1 ~ J 的各层高频系数,计算二维图像信号的小波重构。

以上步骤的重点依然是选取阈值和阈值函数。我们先对分层多瑙荷阈值进行改进,使不同层次不同子图得到不同阈值。接着,对阈值函数进行改进,提出一种平滑的阈值函数。

2.3.3.1 阈值的选择

含噪图像经多尺度小波分解后,各尺度各子图的能量分布不同。具体来说,低尺度子图中的小波系数主要是图像信息,噪声比重较小,去噪时应适当减小阈值。而高尺度子图中,图像信息减少,噪声比重增加,去噪时应适当放大阈值。基于此思想,多瑙荷构造出一种基于多尺度小波分解的图像去噪阈值的选取方法[12]:

$$T_j = \sigma\sqrt{2\ln(N)}\times 2^{\frac{j-J}{2}}, j = 1,\cdots,J \tag{2-34}$$

式中，N 是图像的总像素个数，J 是小波分解的总层数，j 为某层指标，σ 是噪声标准差. 但噪声方差无法预先得知，可用鲁棒中值估计法来估计，即：

$$\sigma^2 = \frac{\text{median}(|y_i|)}{0.6745} \tag{2-35}$$

式中，y_i 是最高尺度的 HH 细节子图[4]。

同理，同一尺度内，图像信息系数为主的子图，噪声比重较小，去噪时应适当减小阈值。噪声信息系数为主的子图，应适当放大阈值[13]。基于此思想，我们对多瑙荷分层阈值进行改进。

设第 j 层、l 子图的阈值为 $T_l^j = \omega_l^j T_j$，其中 $j=1,2,\cdots,J$（层数），$l=1,2,3$（分别对应水平、垂直、对角方向）。

将数字图像 $f(x,y)$ 表示为 $N\times N$ 的方阵，$x,y=0,1,2,\cdots,N-1$，J 为小波分解的总层数，经过离散小波 J 层分解，获得子图 $LL_J(x,y)$，$LH_j(x,y)$，$HL_j(x,y)$，$HH_j(x,y)$。第 j 层子图小波系数的总个数为 N_j^2，其中 $j=1,\cdots,J$。

小波系数绝对值大，通常对应图像的边缘信息，而绝对值较小的小波系数噪声比重较大。用各层中各子图的小波系数绝对值均值 $meanLH_j$，$meanHL_j$，$meanHH_j$ 分别表征各层各子图能量的大小，我们有

$$\begin{aligned} meanLH_j &= \frac{1}{N_j^2}\sum_{m=0}^{N_j-1}\sum_{n=0}^{N_j-1}|LH_j(m,n)| \\ meanHL_j &= \frac{1}{N_j^2}\sum_{m=0}^{N_j-1}\sum_{n=0}^{N_j-1}|HL_j(m,n)| \\ meanHH_j &= \frac{1}{N_j^2}\sum_{m=0}^{N_j-1}\sum_{n=0}^{N_j-1}|HH_j(m,n)| \end{aligned} \tag{2-36}$$

继而，计算各层小波系数绝对值均值的算术平均，即

$$Average_j = \frac{meanLH_j + meanHL_j + meanHH_j}{3} \tag{2-37}$$

得到各子图阈值权重 ω_l^j：

$$\omega_1^j = \frac{Average_j}{meanLH_j},\omega_2^j = \frac{Average_j}{meanHL_j},\omega_3^j = \frac{Average_j}{meanHH_j} \tag{2-38}$$

最终，第 j 层、l 子图的阈值为

$$T_l^j = \omega_l^j T_j \tag{2-39}$$

2.3.3.2　阈值函数的选择

阈值选定后，接着就是选择合适的阈值函数。A. G. Bruce 分析了软、硬阈值收缩方法在高斯噪声条件下的偏差、方差及 L_2 风险公式，得出以下结论[10]：

(1)给定阈值 T,软阈值方法比硬阈值方法产生的方差小;

(2)当系数充分大时,软阈值方法比硬阈值方法造成的偏差大;

(3)两种方法在系数较小时,L_2 风险都很小。当系数在阈值 T 附近时,硬阈值方法有较大的方差、L_2 风险及偏差。

据此,硬阈值方法可以较好刻画图像边缘等局部特征,但图像会出现振铃效应(Ringing Effect)、伪吉布斯效应(Gibbs Effect)等视觉失真。软阈值处理相对平滑,但可能会造成边缘模糊等失真现象。半软阈值函数虽然兼具软阈值和硬阈值方法的优点,去噪效果较好,但因为要估计两个阈值,实现起来较复杂。为此,我们以软阈值函数为基础来做改进,构造出能最大程度保留细节信息的阈值函数。[14]

设有如下的平滑阈值函数:

$$\eta(\omega) = (\omega - f(\omega,T)T)I(|\omega| > T) \tag{2-40}$$

对 $f(\omega,T)$ 作以下约束:(a) $\lim\limits_{\omega\to\infty}\eta'(\omega) = 1$;(b) $\lim\limits_{\omega\to 0}\eta'(\omega) = 0$. 如果 $I(|\omega| > T) = 1$,则式(2-40)可变为

$$\eta(\omega) = \omega - f(\omega,T)T \tag{2-41}$$

取 $f(\omega,T) = \dfrac{2}{\pi}\arctan(a\omega)$,则式(2-41)变为

$$\eta(\omega) = \omega - \frac{2}{\pi}\arctan(a\omega)T \tag{2-42}$$

对式(2-42)求导得

$$\eta'(\omega) = 1 - \frac{2T}{\pi}\frac{a}{1+(a\omega)^2} \tag{2-43}$$

显然式(2-42)满足约束 (a)。设式(2-43)同时也满足约束(b),则有

$$\lim_{\omega\to 0}\eta'(\omega) = \lim_{\omega\to 0}\left(1 - \frac{2T}{\pi}\frac{a}{1+(a\omega)^2}\right) = 0 \tag{2-44}$$

解方程(2-44),得

$$a = \frac{\pi}{2T} \tag{2-45}$$

将式(2-45)代入式(2-42),最终得到改进平滑阈值函数为

$$\eta(\omega) = \omega - \frac{2T}{\pi}\arctan\left(\frac{\pi}{2T}\omega\right) \tag{2-46}$$

几种阈值函数的波形示意图如图 2-12 所示。

由图可见,改进后的阈值函数不仅具有了收缩性质,还比硬阈值、软阈值和半软阈值更加平滑,从而能够尽可能多地保留细节信号。

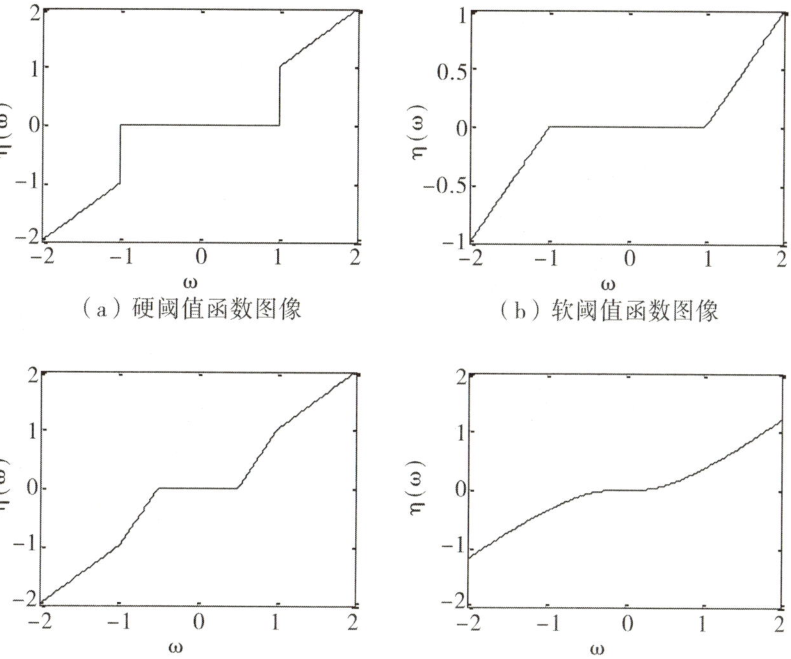

（a）硬阈值函数图像　（b）软阈值函数图像

（c）半软阈值函数图像　（d）改进的阈值函数图像

图 2－12　几种阈值函数的波形示意图

2.3.3.3　算法的实现步骤

至此，我们得到一个基于二维小波变换及改进自适应阈值的数字图像去噪算法。

算法 2.3　二维小波阈值图像去噪自适应算法

（1）选择小波基和分解层 N，分解含噪图像到第 N 层。

（2）选取自适应阈值 T_l^j。

（3）选取平滑阈值函数，例如取 $\eta(\omega)=\omega-\dfrac{2T}{\pi}\arctan\left(\dfrac{\pi}{2T}\omega\right)$。

（4）对分解后得到的各层高频子图中的小波系数进行阈值处理。

（5）根据第 N 层小波分解的低频系数，和经过修正的从第 1 到第 N 层的各层高频系数，计算二维信号的小波重构。

2.3.4　二维小波图像去噪仿真实验

选择大小均为 512×512 的标准 Lena 图和 boats 图（见图 2－13）作为原始图像，选择对称性较好的 sym4 小波，对加入不同大小高斯白噪声的 Lena 和 boats 图像（$\sigma=10,15,20,25$）进行三层二维小波分解，保留小波分解后的第 3 层的低频系数，再对分解后得到的小波系数按层次按子图进行阈值处理，最后对处理后的小波系数作二维小波逆变换，获得去噪后的小波图像,求出其峰值信噪比(PSNR),我们将此改进算法的去噪效果与一些经典图像去噪算法的去噪效果进行对比,这些算法是 Donoho 和 Johnstone 的统一阈值法(包括软、硬阈值法),以及 Birge - Massart 策略所确定的软、硬阈值,或简称 BM 策略阈值法。

(a) (b)

图 2 - 13 (a)图为 Lena 原图,(b)图为 boats 原图

对原始图像增加噪声后,再进行去噪处理[15],图 2 - 14 和图 2 - 15 分别给出了这些算法对 Lena 和 boats 含噪图像($\sigma = 15$)的去噪效果图. 表 2 - 4 和表 2 - 5 分别给出了这些算法对噪声大小不同的 Lena 和 boats 含噪图像的去噪后的峰值信噪比(PSNR)。

(a) 含噪图像

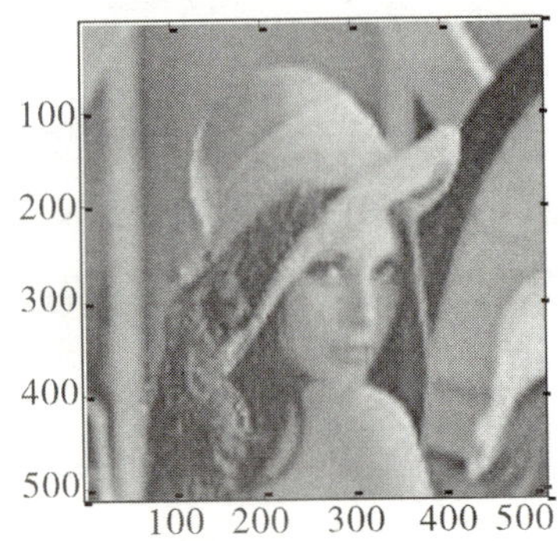

(b) 改进算法

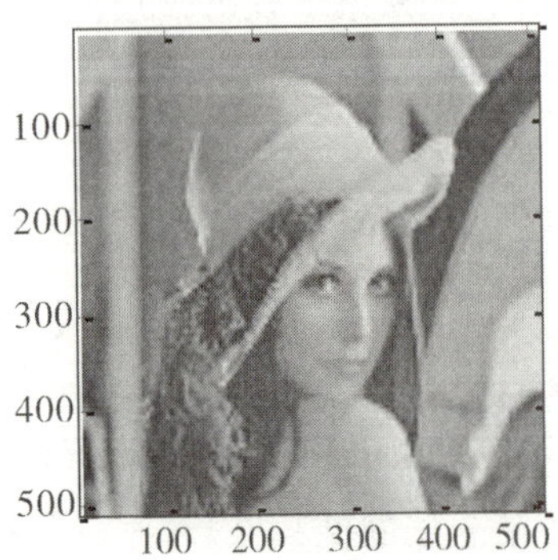

(c) 统一阈值-硬阈值函数算法

(d) 统一阈值-软阈值函数算法

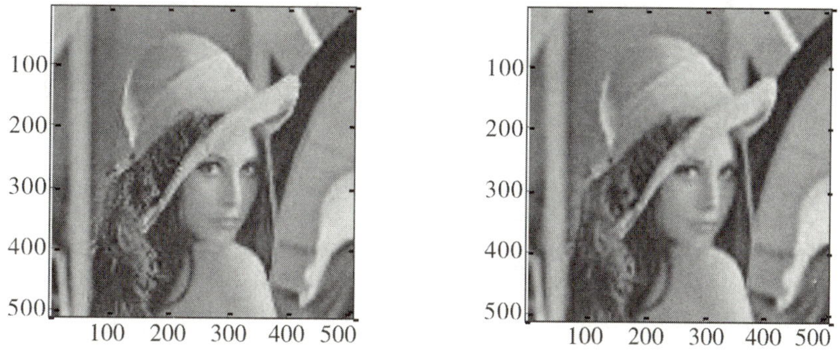

（e）BM策略阈值-硬阈值函数算法　　（f）RM策略阈值-软阈值函数算法

图 2 - 14　二维小波变换对 Lena 图去噪效果

其中，图 2 - 14(a)为 Lena 的含噪图像；图 2 - 14(b)为含噪图像经改进算法去噪后的图像；图 2 - 14(c)为含噪图像经过硬阈值函数算法(记为算法一)去噪后的图像；图 2 - 14(d)为含噪图像经过软阈值函数算法(记为算法二)去噪后的图像；图 2 - 14(e)为含噪图像经过 BM 策略硬阈值函数算法(记为算法三)去噪后的图像；图 2 - 14(f)为含噪图像经过 BM 策略软阈值函数算法(记为算法四)去噪后的图像。

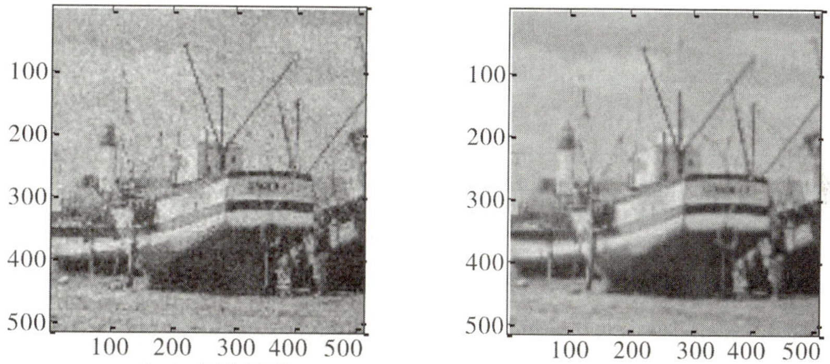

（a）含噪图像　　（b）改进算法

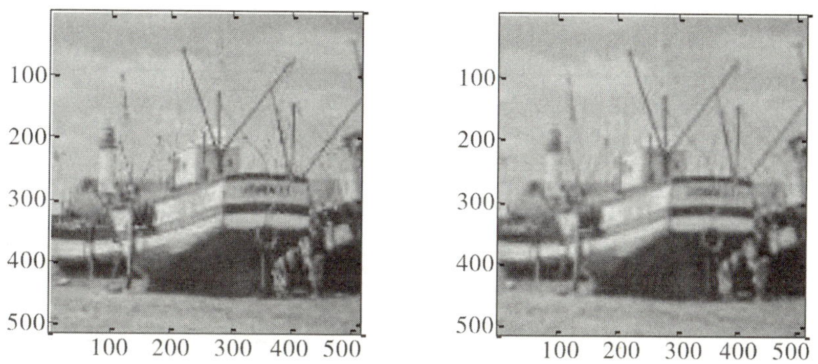

（c）统一阈值-硬阈值函数算法　　（d）统一阈值-软阈值函数算法

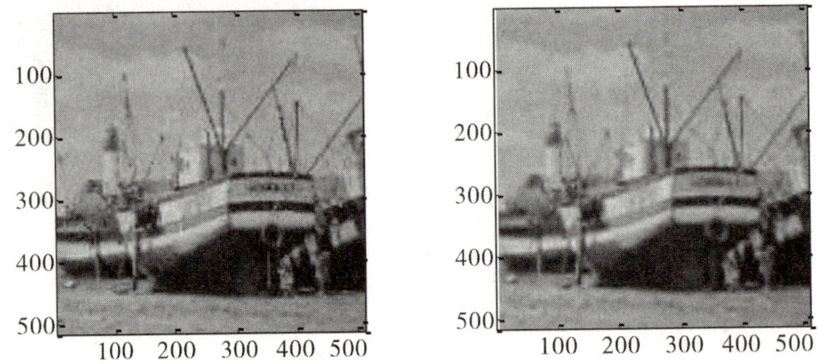

（e）BM策略阈值-硬阈值函数算法　（f）BM策略阈值-软阈值函数算法

图 2-15　二维小波变换对 boats 图去噪效果

其中,图2-15(a)为 Boats 的含噪图像;图2-15(b)为 Boats 的含噪图像经过我们提出的改进算法去噪后的图像;图 2-15(c)为 Boats 的含噪图像经过算法一去噪后的图像;图2-15(d)为 Boats 的含噪图像经过算法二去噪后的图像;图2-15(e)为 Boats 的含噪图像经过算法三去噪后的图像;图 2-15(f)为 Boats 的含噪图像经过算法四去噪后的图像。

从图 2-14 和图 2-15 中可以看出,经过改进算法去噪后的图像视觉效果要优于另外四种方法,同时又很好地保留了图像的边缘信息,图像边缘清晰平滑。

表 2-4　不同噪声大小的 Lena 含噪图像经各算法去噪后的峰值信噪比(PSNR/dB)

Lena 图	改进算法	算法一	算法二	算法三	算法四
$\sigma=10$	27.8300	26.3868	25.4837	26.0756	25.2695
$\sigma=15$	25.0844	23.4773	22.9487	23.6500	23.1369
$\sigma=20$	22.9811	21.3074	20.9699	21.6133	21.2436
$\sigma=25$	21.2810	19.5690	19.3506	19.9137	19.6186

表 2-5　不同噪声大小的 boats 含噪图像经各算法去噪后的峰值信噪比(PSNR/dB)

Boats 图	改进算法	算法一	算法二	算法三	算法四
$\sigma=10$	27.1439	25.6083	24.4087	24.6742	23.7536
$\sigma=15$	24.5586	22.8805	22.1712	22.8004	22.1515
$\sigma=20$	22.5722	20.8588	20.3998	21.0695	20.5942
$\sigma=25$	20.9573	19.2368	18.9155	19.5399	19.1628

从表2-4 和表2-5 中可以看出,对含噪图像而言,改进算法相对其他四种去噪算法具有更高的峰值信噪比(PSNR),去噪效果更好。

2.4　本章小结

（1）本章简要介绍了数字音频和图像信号的小波去噪理论，包括检测函数的局部奇异性和估计李普希茨指数的方法，对一维音乐信号和二维标准图像讨论了小波阈值去噪算法。

（2）利用阈值函数去噪方法，分别对一维音乐信号（含有噪声的歌曲片段）和二维标准图像（包括 Lena 图和 Boats 图）进行了去噪仿真实验，构造了改进阈值，并根据峰值信噪比（PSNR）等判别参数，将实验结果进行了对比。

第3章 小波在纹理图像处理中的应用

3.1 纹理与小波

3.1.1 纹理的定义

自然界的事物大到整个地球、小到一片树叶,表面都具有一定的纹理特征,比如水波或丝绸的纹理。人眼能够观察并利用这些纹理特性,获得有价值的信息。事实上,人类视觉感知系统对外界的认识很大程度依赖于纹理特性,它甚至也是审美判断的重要依据,例如对一件条纹袍子或碎花裙子的鉴赏。所以对纹理的感知是人类认识世界的一个基本因素,而当这一观察对象是地球时,纹理就构成了地理信息的组成部分,地图也就成为广义的纹理图像的一个子集。

构成一幅画像的要素,无非是轮廓和纹理。与之相应,存在多组对立统一的概念,包括:白描和彩绘,卡通部分和渲染部分,边框和底纹,如同达芬奇(Leonardo da Vinci)的一幅自画像或《蒙娜丽莎》(MonaLisa)(图 3 - 1),在完整的油画竣工之前,他已经画了无数素描稿。素描勾勒轮廓(contour),而油画渲染纹理(texture)。

图 3 - 1　轮廓和纹理图像示例:达芬奇自画像(左)和蒙娜丽莎(右)

图像纹理的研究主要包括:纹理感知(texture perception)、纹理分析(texture analysis)、纹理合成(texture synthesis)、基于纹理的形状恢复(shape from texture)、纹理的应用。

重点是对纹理特征进行描述，其好坏直接影响纹理图像处理的最终结果。

视网膜能对纹理成像进行多通道、多频率和多方向的分析，但早期纹理描述方法大多建立在单尺度上。Campbell 和 Roboson[31]采用多种栅格模式做生物心理试验，表明视觉系统把图像分解成了不同频率、不同方向的滤波图像。De Vaofis 研究猿猴的视细胞对不同频率和方向的正弦栅格的响应，显示这些细胞的窄带范围会进行自适应调整。这促使我们利用多通道滤波的多尺度分析方法研究纹理，而经典小波和新型广义小波（包括轮波、脊波和曲波等）多尺度分析是最佳选择之一。

纹理图像分析的奠基人之 Brdoatz 说[32]："摄影的历史就是纹理的历史（The age of photography is likely to be an age of texutre）。"纹理图像处理的应用领域极为宽广，常见的包括：虹膜、舌苔、指纹、乳房等人体生物学信息图像分析，工业中的工件表面检测、路面溜滑估计、核磁共振（MR）大脑成像，以及催化剂、细胞、金相、宝石表面等显微图像的纹理分析。

我们给出一些纹理图像的例子，如图 3－2 所示。

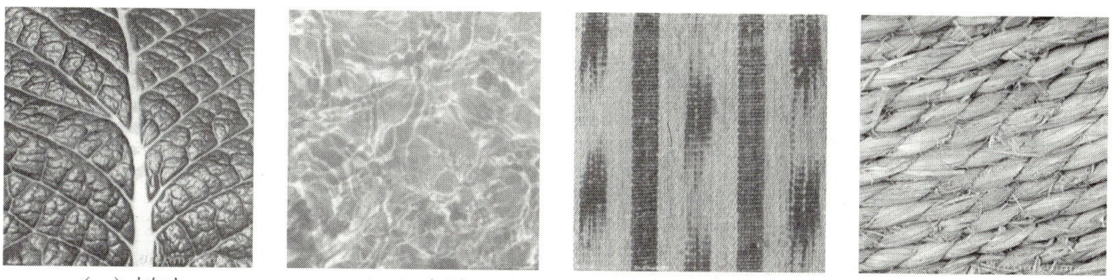

（a）树叶　（b）水波　（c）地毯　（d）麻绳

图 3－2　自然界与人类社会中的纹理图像

纹理的一些描述性的定义如[33,34]：

1）纹理是通过宏观区域（相对局部细节区域）来表现的，如一幅北京地图，由于基本模式的重复出现，使得纹理呈现出一定的结构性。基本模式由基本元素（简称基元）构成（如斑点、条纹、气泡、菱形），并依某种特定规则在空间排列，例如花布的连续纹样[35]。

2）纹理图像的局部统计特征或其他局部属性保持相对稳定不变，或变化缓慢（渐变而非突变），或近似呈现周期性变化[36]。

3）纹理有一个明确或隐含的基元作为参照元，通过基元的类型和个数，以及它们在空间的排列规则进行刻画[37]。

4）纹理可由三个基本属性来描述：①局部模式在区域内重复出现。②模式包含基元的非随机排列，具有统计规律性。③基元外观在区域内的任意位置大体相同[38]。

3.1.2　地图的纹理图像属性

从纹理图像的角度理解地图，可以发现地图（特别是遥感图像）完全具有纹理图像的

属性,纹理的特性与地图完全吻合:

(1)纹理是外界景物规律性的一种视觉感知体现[39],如卫星云图的纹理分析。

(2)纹理是区域特征而非点特征,具有上下文特性,须考虑整个邻域内的灰度值才能赋予其定义,邻域的大小取决于纹理基元的大小或纹理类型。地图是反映地球上具有大小不同尺度的地域特征的图形刻画,如气象云团覆盖的区域通常是大范围的,半径可达数十至数百公里。

(3)纹理与灰度值在空间和分布规律密切相关,如玉兔月球车所拍摄的月球遥感影像,环形山和虹湾地区呈现出显著的灰度差异。

(4)人们对纹理的感知与图像的分辨率密切相关,在不同尺度和分辨率下,同一景物在视觉系统中呈现出的纹理特征可能大相径庭。地球上大片区域的纹理往往需要在大尺度下才能呈现出其典型特征。如世界谜团之一的英国"麦田怪圈"和南美秘鲁纳斯卡巨画,都是大视野空中俯瞰才能感知全貌的宏观景象。如纳斯卡巨画,须在300米以上高空,才能看到一只50米的大蜘蛛形状的纹理图像(图3-3)。

(a)麦田怪圈　　(b)纳斯卡巨画

图3-3　轮廓和纹理图像示例

3.2　纹理研究的基本问题和主要方法回溯

基于小波域概率模型的纹理分析方法机理是:用有效的概率模型提取尺度间和子图内小波系数的统计相关性,最简单的概率模型只考虑子图内的小波系数。Do和Vetterli[40]发现,小波子图内小波系数的直方图相似于广义高斯分布,他们利用Kullback-Leibler距离和广义高斯分布构造了一种新的纹理图像检索方法。

Man和Chen[41]用独立混合模型计算出每个子图的混合系数、均值和方差的Fisher分数这三个分量,把分量组成特征向量,再用支持向量机(SVM)作分类。

Coruse等[42]提出小波域的隐Markov树模型有两个特点:①为适应小波系数的非高

斯特性,用每个系数和与之相应的隐状态变量的混合概率近似小波系数的边缘概率;②引入隐状态变量间的 Markov 依赖性,刻画小波系数间的相关性,用概率图或树表现。

Baraniuk 和 Choi[43]用高斯混合模型逼近小波系数的概率密度,小波系数服从高斯分布,对应一个隐状态,状态决定均值和方差。他们用有向的 Markov - 1 概率图连接父状态和四个子状态,刻画跨尺度小波系数间的统计关系。Fan 和 Xia[44]利用结构性纹理的有序空间结构,把等尺度上的子图视为一个整体建立隐 Markov 树模型。Zhang 等[45]提出小波多尺度统计模型,典型特例是小波自回归模型和小波 Markov 随机场模型。

经典小波马拉金字塔分解在纹理图像处理中的效果很好,但许多半周期纹理图像信号的主频率都集中于中频带。由于金字塔分解对频率空间作二进划分,无法对中频带进行细致分析, Chang 等[46]倾向于采用小波包变换(Wavelet Packet)分解,若子图能量太小或者子图内系数少于 16×16,则不再继续分解此子图。对每幅纹理图像,可由子图能量和小波包的树结构构造一个能量图(energy map)进行纹理分类。因子图能量决定子图是否继续分解,所以这种能量图方法也是一种自适应方法。

Laine 和 Fan[47]利用基于神经网络(Neru net)的分类法和最近邻分类法得到的纹理分类结果表明小波包变换优于小波变换。文献[48] 采用了一种新的树结构,以降低小波包变换子图的个数,并保持特征向量维数的稳定性。

Manhtalkar 等[49]基于离散小波包变换,提出伸缩旋转不变纹理分析法。通过计算高通 HL 和低通 LH 子图均值和方差的平均值,得到旋转不变纹理特征,再用傅里叶变换导出旋转和伸缩不变特征向量。Lee 和 Pun[50]先对纹理图像进行对数极坐标变换和行平移不变小波包变换,再计算每个子图的能量,选出最大的 M 个能量作为旋转伸缩不变纹理特征。

鉴于经典小波或小波包变换的非平移不变性会导致纹理的平移,Unser[51]采用离散小波框架变换(DWFT)来估计纹理统计量并作纹理分类,结果表明 DWFT 性能优于 DWT, 对边界纹理刻画得更好。Wouwer 等[52]由小波框架系数的共生矩阵和直方图提取特征进行纹理分类。吴均等[53]利用 Coiflet 小波对纹理图像作小波框架分解,进而构造尺度共生矩阵。Tabehs[54]用小波框架变换后的子图零交叉点的个数描述纹理,并结合能量子图提高性能。

Lipasi 和 Tzirtias[55]基于小波框架,提出彩色纹理图像检索方法。Jaine 和 Fan[56]基于希尔伯特变换和零交叉点,用小波包框架变换提取纹理图像包络,作纹理分割。Jiang 和 Zhao[57]把文[48]的树结构推广到小波包框架作纹理分割。

复小波变换固然可以同时克服经典小波非平移不变和弱方向性这两个缺点,然而复数小波系数计算复杂性很高，重建困难。Kingbsury[58]提出对偶树复小波变换，可以降低复杂度。Rivaz[59]将对偶树复小波变换应用到纹理分割，与嘉伯滤波、自回归模型等16种方法作比较，表明此法具有优异特性。Sharry 等[60]建立复小波系数隐 Markov 树模型，结合均值平移迭代(Mean Shift Iteration)作无监督纹理分割。Sun 等[61]提出基于混合标记树模型(hybrid label tree)和复小波域隐 Markov 树模型的多尺度纹理分割方法。Hati Poglu[62]用复小波包作纹理分析，结果优于实小波包。

多带小波具有分频段特性，适合分析较高频子图。Acharyya 和 Kundu[63]基于 M－带小波变换提出无监督纹理分割方法。李峰等[64]利用 c－均值聚类算法和多带小波变换分割纹理图像，程起敏等[65]基于多进制小波变换，构造了渐进式纹理图像检索方法。Acharyya[66]用 M－带小波包框架作多纹理分割。

Kim 和 Udpa[67]把标准二维离散小波框架滤波器旋转45°，提取定向为45°和－45°的纹理，刻画了对角定向(diagonally oriented)纹理。文献[58－62]利用对偶树复小波变换，可提取{±15°，±45°，±75°}六个方向的纹理信息。Kokare 等[68]用对偶树旋转复小波提取{－30°,0°,30°,60°,90°,120°}六个方向的纹理信息。

有一类纹理图像可表示为 AM－FM 调频函数 $I(x,y)=t(x,y)\cos\Omega(x,y)$，其中 $t(x,y)$ 是幅值函数，$\Omega(x,y)$ 是相位函数。2000 年，Hsin 和 Li[69,70]将调制小波和小波包用于纹理分割。2004 年，Kokare[71]将余弦调制小波(cosine－modulated wavelet)应用于图像检索。多小波由两个或两个以上的尺度函数，拥有紧支、对称、正交性和高阶消失矩等优良属性。王[72]用多小波包子图的局部极值密度来刻画纹理，作纹理分割。

3.3 纹理图像分类与融合

3.3.1 纹理图像库简介

一般的图像也可以做“融合”，但网络俗称的“PS”技术并非严格意义上的图像融合，它是利用现成的软件工具(如 PHOTOSHOP 等)对一幅或若干幅图像运用丰富的想像力加以合成处理得到期望的效果。例如，对达芬奇自画像和蒙娜丽莎画像经过翻转和拼接“融合”而成的图像(图3－4)。

在纹理图像处理领域，存在两个国际通用的标准测试图像库：Brdoatz 纹理图像库和 Vistex 纹理图像库，所有算法都可以在这两个图像库上进行测试(图3－5)。

图 3－4　PS 软件对两幅画像的融合

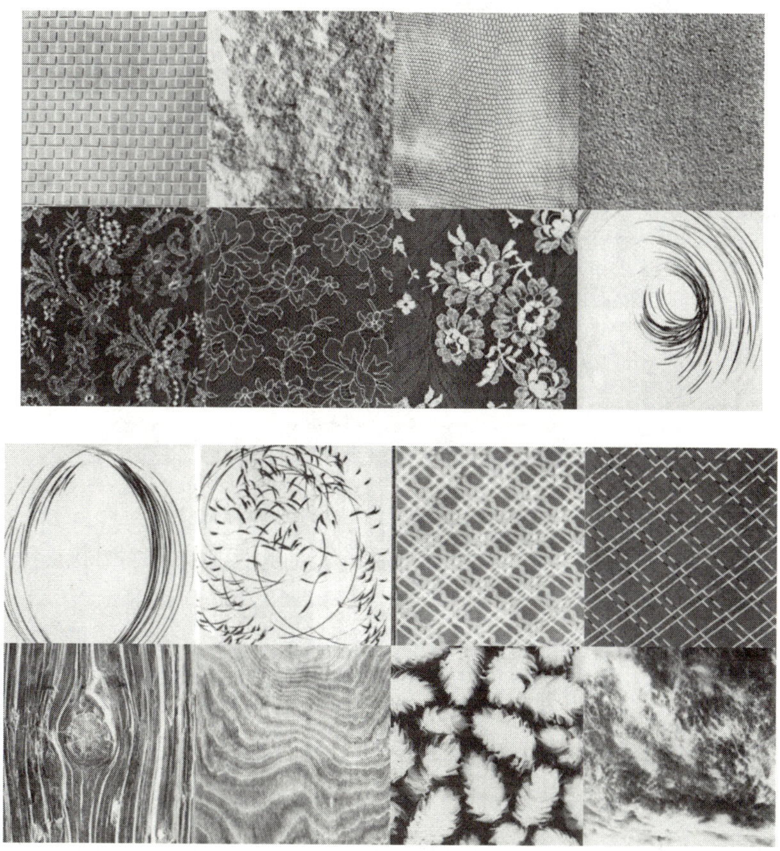

图 3－5　标准的 Brdoatz 纹理库图像

3.3.2 离散小波框架变换与纹理分类

3.3.2.1 离散小波框架变换

离散小波变换计算复杂度低，成功应用于图像压缩（图 3－6）与图像融合（图 3－7）领域。

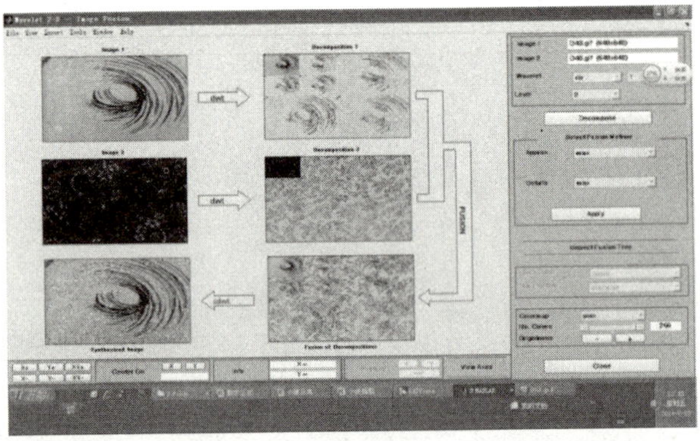

图 3－6 Brdoatz 纹理图像的小波图像压缩

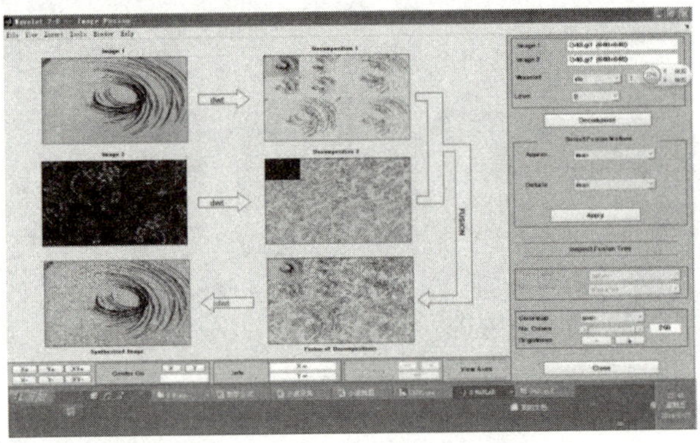

图 3－7 Brdoatz 纹理图像的小波图像融合

信号的平移不变性非常重要，连续小波变换满足此性质，而离散小波变换对平移因子的采样与尺度因子相关，导致信号平移时，离散小波系数会产生剧变。

事实上，信号 $f(t)$ 的离散小波系数为

$$W_f f(2^j, n2^j) = \langle f, \psi_{j,n} \rangle = f * \psi_{2^j}(n2^j) \tag{3-1}$$

平移 τ，得 $f_\tau = f(t-\tau)$，其离散小波系数为

$$W_f f(2^j, n2^j - \tau) = \langle f_\tau, \psi_{j,n} \rangle = f * \psi_{2^j}(n2^j - \tau) \tag{3-2}$$

若采样间隔 2^j 相对 $f * \psi_{2^j}(t)$ 变化很快，则系数 $W_f(2^j, n2^j - \tau)$ 与 $W_f(2^j, n2^j)$ 相差甚远，导致离散小波变换发生平移变异。

马拉提出一种消除平移变异性的方法，只对连续小波的尺度因子离散化，而对平移因子不离散化。令 $f \in L^2(R)$ 的尺度沿二进序列 2^j 离散化，获得二进小波变换

$$W_f(2^j, b) = \langle f, \psi_{2^j, b}(t) \rangle = 2^{-\frac{j}{2}} \int_R f(t)\, \overline{\psi\left(\frac{t-b}{2^j}\right)} \mathrm{d}t \tag{3-3}$$

马拉证明，若存在正数 $0 < A < B < +\infty$，使得 $\forall\, \omega \in R, A \leqslant \sum_{j=-\infty}^{+\infty} |\hat{\psi}(2^j \omega)|^2 \leqslant B$，则

$$A \| f \| \leqslant \sum_{j=-\infty}^{+\infty} \frac{1}{2^j} | W_f(2^j, b) | \leqslant B \| f \| \tag{3-4}$$

正常数 A，B 分别称为框架下界和框架上界，此二进离散小波变换称为离散框架小波变换（2D Discrete Frame Wavelet Transform），可由二进小波系数重构 $f(t)$（即存在逆变换）：

$$f(t) = \sum_{j=-\infty}^{+\infty} \frac{1}{2^j} W_f(2^j, b)\, \tilde{\psi}_{2^j}(t-b) \tag{3-5}$$

其中，$\tilde{\psi}(t-b)$ 由重构小波函数 $\tilde{\psi}(t)$ 平移而来，$\tilde{\psi}(t)$ 满足：

$$\sum_{j=-\infty}^{+\infty} \hat{\psi} * (2^j \omega) \hat{\tilde{\psi}}(2^j \omega) = 1 \tag{3-6}$$

3.3.2.2　离散小波框架变换用于纹理分类

纹理图像分类须先设计分类器，过程如图 3 - 8 所示，大体包含设计和应用两个阶段。设计阶段包括特征提取、特征选择、分类器设计和评估。模式识别理论对后三部分有深入讨论。纹理图像分割先要提取纹理特征，特征提取的方法则常与问题本身相关。

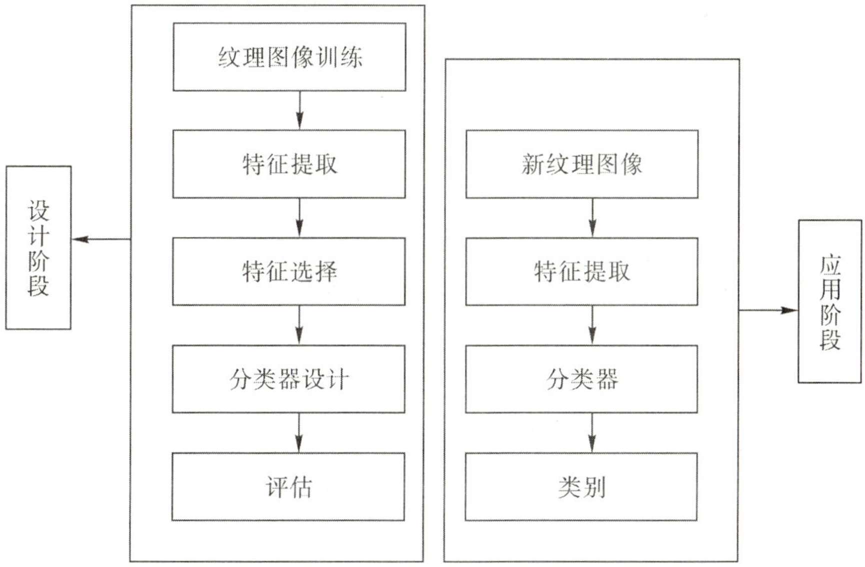

图 3 - 8　纹理图像分类系统

3.3.3 基于嘉伯小波和核方法的纹理图像分割算法

图像分割方法可分为边界法、区域法和聚类法几种。边界法通过寻找图像纹理间断的位置，搜索出区域边界完成分割。区域法通过合并具有相似纹理特征的像素和区域，确定各个局部纹理图像区域。聚类法用聚类算法对特征向量聚类，把具有相似纹理特征的像素聚集起来，分割纹理图像。本节提出的嘉伯小波聚类分割算法如图 3 – 9 所示。先从嘉伯小波域提取特征，再对特征图像进行谱聚类和 SVM 分类，分割纹理图像。

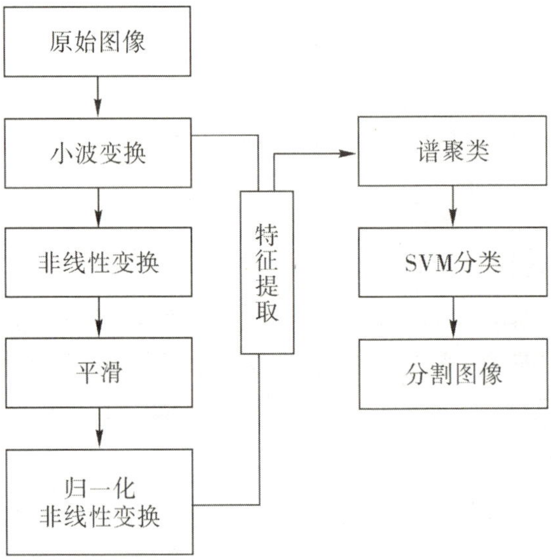

图 3 – 9 纹理图像分割步骤

3.3.3.1 特征提取

一种纹理图像局部特征提取的方法是线性滤波，通过计算滤波器直方图对应的统计量来刻画局部纹理属性。先由嘉伯小波变换，纹理图像局部区域可用直方图来刻画，再通过平滑和归一化计算其统计量，使得纹理图像的每个像素都对应一个特征向量，构成特征图像。

若嘉伯小波的中心频率太低，则捕获的特征在纹理图像分割中用处不大，令 $U_l=\frac{\sqrt{2}}{8}$ 和 $U_h=\frac{\sqrt{2}}{2}$ 分别为最低和最高频率中心，$S=3$ 和 $M=6$ 分别为小波分解的尺度数和方向数，作旋转变换 $x_\theta=x\cos\theta+y\sin\theta$，$y_\theta=-x\sin\theta+y\cos\theta$，设计嘉伯小波

$$g_{mn}(x,y)=\frac{1}{a^m}\frac{1}{2\pi\sigma_x\sigma_y}\exp\left(-\frac{1}{2}\left(\frac{{x_\theta}^2}{{\sigma_x}^2}+\frac{{y_\theta}^2}{{\sigma_y}^2}\right)+2\pi iwx\right),n=M\frac{\theta}{\pi} \tag{3-7}$$

对纹理图像 TI 作嘉伯小波变换

$$GC_{mn}(p,q) = TI * g_{mn}(p,q) \tag{3-8}$$

其中，$GC_{mn}(p,q)$ 为离散小波系数。$GC_{mn}(p,q)$ 表示第 $I = m \times M + n$ 个通道（子图）。经嘉伯小波变换后，大量小波系数集中在零点附近，因此纹理特征也大都集中在零点附近，不易用聚类算法进行分割，故可构造非线性函数，将小波系数的分散性差异转化为均值的差异。例如，可取如下非线性变换

$$\varphi[GC_{mn}(p,q)] = \tan(\alpha |GC_{mn}(p,q)|) = \frac{1-\exp(-2\alpha|GC_{mn}(p,q)|)}{1+\exp(-2\alpha|GC_{mn}(p,q)|)} \tag{3-9}$$

对每个子图内的系数作变换。如文[73]，取 $\alpha = \frac{1}{4}$。对非线性变换后的嘉伯小波系数作低通滤波平滑，减少局部纹理区域的特征变化，并增加不同区域间的差异。比如，可取高斯低通滤波器

$$h_L(x,y) = \frac{1}{2\pi\sqrt{\sigma}}\exp\left(-\frac{x^2+y^2}{2\sigma_2}\right) \tag{3-10}$$

其中，σ 描述了 $h_L(x,y)$ 的空间跨度。平滑过程可表示为

$$\tilde{F}_l(p.q) = \frac{1}{R}\sum_{i=-[\frac{r}{2}]}^{[\frac{r}{2}]}\sum_{j=-[\frac{r}{2}]}^{[\frac{r}{2}]} L(p+i,q+j)\varphi[GC_{mn}(p+i,q+j)] \tag{3-11}$$

其中，$L(p+i,q+j)$ 是高斯低通滤波器离散形式，$r \times r$ 表示滤波器窗口大小，$R = r \times r$。参数 r 越大，特征越稳定，但要精确定位纹理区域的边界，则适合取较小的 r。理想状态下，应是每个子图对应一个不同的 r，但因计算量巨大，通常就选同一值。

继续做非线性变换，以减少由 α 不同导致的特征向量集之间的差异，有益于设计分割算法。比如，可对平滑后的图像 $\tilde{F}_l^1(p.q)$ 作对数变换

$$F_l(p.q) = \ln(\tilde{F}_l(p.q)+1) \tag{3-12}$$

得到纹理图像 TI 最终的特征图像 FI，其像素为

$$FI(p,q) = (F_0(p,q), F_1(p,q), \cdots, F_N(p,q)) \tag{3-13}$$

3.3.3.2　分割算法

得到特征图像后，即可利用核函数聚类方法[74,75,76]（如谱聚类算法 SCA 和支持向量机 SVM）完成纹理图像分割。

Ng 提出的谱聚类算法计算复杂性很高。设纹理图像大小为 512×512，特征提取产生的特征图像大小也是 512×512，即有 262144 个特征向量。若应用谱聚类算法 SCA，需构造大小为 262144×262144 的矩阵，计算量非常大。故分割时可以先聚类、后分类，即先对特征图像 FI 采样，再应用 SCA 对采样后的特征图像 SFI 进行聚类。采样的过程如同切蛋糕，将整幅图像等面积划分为大小适中的子图块，在每个子图块中选取若干像素，构

成特征图像 SFI。在能够完全刻画原始图像各局部纹理区域的前提下，尽量减小特征图像尺寸，以降低计算复杂度。

对特征图像聚类后，获得对应的类别标示符矩阵 L，与特征图像等大，建立样本集合 $\{SFI(p,q),L(p,q)\}$，取具有相同类别标示矩阵的像素作为训练样本。用训练好的支持向量机对特征图像中的每个像素赋予类别标示，初步完成纹理图像分割后，再对分割图像中聚错类的像素进行后期处理，例如，可以循环使用中值滤波并迭代。

3.3.3.3　仿真实验

我们选择四幅标准纹理图像和一幅遥感图像做测试，以验证纹理图像分割算法。

图 3－10(a)是一幅大小为 512×512 的纹理图像，它由 Brdoatz 标准纹理图像库中的图像拼接而成(左上：$D02$；右上：$D09$；左下：$D03$；右下：$D01$)。分割结果如图 3－10(b)所示。

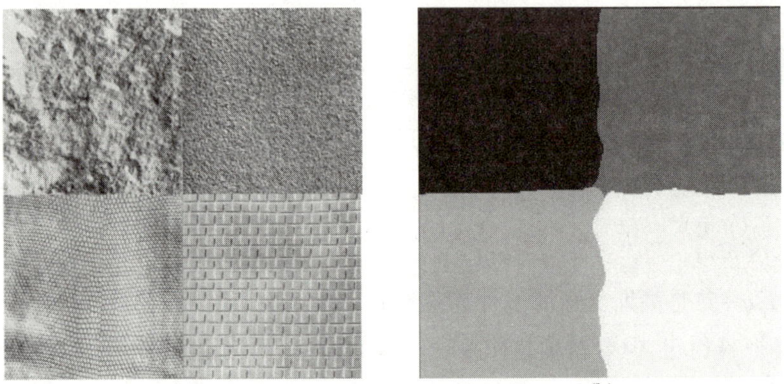

(a)　　(b)

图 3－10　Brdoatz 纹理图像库标准图像分割

再对北京地区遥感图像进行分割。图 3－11(a)示的是原始图像，图中大致包含三类区域：平原、高山、河湖。图 3－11(b)是相应的分割结果。

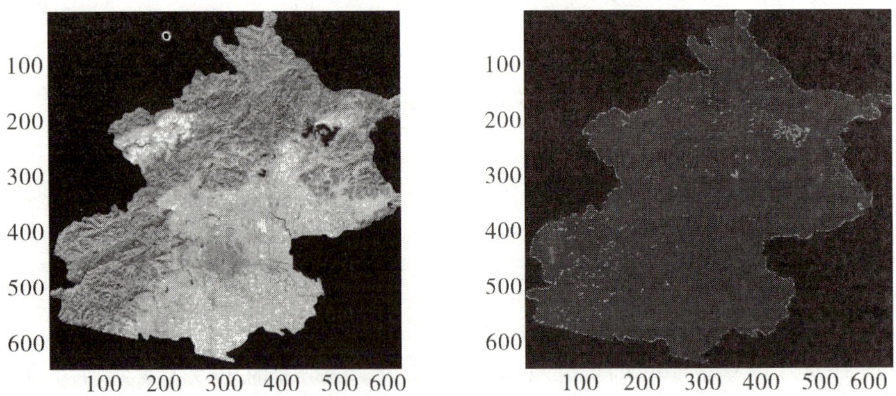

(a)　　(b)

图 3－11　北京地区遥感图像分割

3.4　本章小结

地图(特别是遥感图像)具有纹理图像的属性,我们给出了离散小波框架变换的定义和用它来进行纹理刻画的方法,由此,结合嘉伯小波和核方法(如谱聚类法与支持向量机法)提出了图像分割算法,并对标准纹理图像库图像和北京地区遥感地图进行了纹理图像分割实验。

第4章 脊波和曲波变换方法

4.1 脊波变换概念

4.1.1 连续脊波变换

新型小波——脊波[77,78,79]用 Radon 变换将二维线奇异映射为一维点奇异，与经典小波处理一维点奇异相似，对含有线间断的多元函数可达最优逼近。

1998 年，E. J. 坎德斯在其博士论文中[78]定义了脊波变换，多瑙荷也几乎同时提出此概念[80]。脊波变换理论是群表示理论（Group Expression）、现代调和分析（Harmonic Analysis）和经典小波分析的结晶。

连续脊波变换基本原理是先对图像做 Radon 变换，再做小波变换。类似的，数字脊波变换是先做离散 Radon 变换，再做 DWT 或离散余弦变换（DCT）。M. N. Do 和 M. Vetterli[81]使用有限 Radon 变换，选择傅里叶低频系数最大的序为最优序。

二维平面$\mathbf{R}^2$上的连续脊波变换如下定义。给定一维光滑速衰函数 $\psi:\mathbf{R}\to\mathbf{R}$，满足容许性条件：

$$C_\psi = \int_{-\infty}^{+\infty} \frac{|\hat{\psi}(w)|^2}{|w|} \mathrm{d}w < \infty \tag{4-1}$$

若$\int_{-\infty}^{+\infty}\psi(t)\,\mathrm{d}t=0$，则称 ψ 具有一阶消失矩。设 ψ 还是规范的，即

$$\int_{-\infty}^{+\infty} \frac{|\psi(w)|^2}{|w|^2} \mathrm{d}w = 1 \tag{4-2}$$

任给 $a>0, b\in\mathbf{R}, \theta\in[0,2\pi)$，定义连续脊波函数为：

$$\psi_{a,b,\theta}(x) = a^{-\frac{1}{2}}\psi\left(\frac{x_1\cos\theta + x_2\sin\theta - b}{a}\right) \tag{4-3}$$

它沿直线 $x_1\cos\theta + x_2\sin\theta = Const$ 是常数，沿着脊线是小波。给定可积函数$f(x)$，定义其脊波系数为函数与脊波的内积：

$$R_f(a,b,\theta) = \int \psi_{a,b,\theta}(x) f(x)\,\mathrm{d}x \tag{4-4}$$

成立精确的重构公式

$$f(x) = \int_0^{2\pi} \mathrm{d}\theta \iint_{R^+R} \frac{1}{4\pi a^3} R_f(a,b,\theta)\psi_{a,b,\theta}(x)\,\mathrm{d}a\mathrm{d}b \tag{4-5}$$

对于可积和平方可积的函数都成立帕塞瓦尔(*Parseval*)等式:

$$\int |f(x)|^2 \mathrm{d}x = \int_0^{2\pi} \mathrm{d}\theta \iint_{R^+R} \frac{1}{4\pi a^3} |R_f(a,b,\theta)|^2 \psi_{a,b,\theta}(x)\,\mathrm{d}a\mathrm{d}b \tag{4-6}$$

计算脊波系数的基本方法是 Radon 变换。二元函数$f(x,y)$的 Radon 变换定义为

$$R_f(\theta,t) = \int f(x,y)\delta(x\cos\theta + y\sin\theta - t)\,\mathrm{d}x\mathrm{d}y \tag{4-7}$$

即函数沿倾角为θ的直线积分,其中,$\theta \in [0,2\pi)$,$t \in \mathbf{R}$,$\delta(t)$是狄拉克(Dirac)脉冲函数。再对 Radon 变换做小波变换,即得函数f的脊波变换系数

$$R_f(a,b,\theta) = \int R_f(\theta,t) a^{-\frac{1}{2}} \psi\left(\frac{t-b}{a}\right)\mathrm{d}t \tag{4-8}$$

存在的一个问题是:脊波$\psi_f(a,b,\theta)$不属于我们熟知的泛函空间$\mathbf{L}^2(\mathbf{R}^2)$,造成理论分析和数字实现的困难。为此,多瑙荷[80]构造了$\mathbf{L}^2(\mathbf{R}^2)$的正交脊波基。

4.1.2　有限脊波变换

函数的一维小波变换定义为:

$$W_f(a,b) = \langle f,\psi_{a,b}(t)\rangle = |a|^{-\frac{1}{2}} \int_R f(t)\,\overline{\psi\left(\frac{t-b}{a}\right)}\mathrm{d}t \tag{4-9}$$

对于速衰函数$f(x,y)$,定义其 Radon 变换为:

$$R_f(\theta,t) = \int f(x,y)\delta(x\cos\theta + y\sin\theta - t)\,\mathrm{d}x\mathrm{d}y \tag{4-10}$$

它把直线映射成点。线间断就蜕变为点奇异,再用经典小波处理点奇异。定义脊波变换:

$$R_f(a,b,\theta) = \int_R \psi_{a,b}(t) R_f(\theta,t)\,\mathrm{d}t = \int R_f(\theta,t) a^{-\frac{1}{2}} \psi\left(\frac{t-b}{a}\right)\mathrm{d}t \tag{4-11}$$

平面、Radon 域和脊波域的关系如图 4-1 所示。

图 4-1　平面、Radon 域和脊波域的关系

用有限 Radon 变换(FRAT)作为离散化方法,生成有限脊波[82,83],再做 DWT 或 DCT。

4.1.3 有限 Radon 变换

设 p 为素数,网格点集为

$$Z_p = \{0,1,\cdots,p-1\} \tag{4-12}$$

用 $p \times p$ 的矩阵表达离散数字图像 $f(i,j)$,在有限网格 $Z_P{}^2$ 上的有限 Radon 变换($FRAT$)定义为:

$$r(k,l) = FRAT_f(k,l) = \frac{1}{\sqrt{p}} \sum_{(i,j) \in L(k,l)} f(i,j) \tag{4-13}$$

其中,$L(k,l)$ 表示网格 $Z_p{}^2$ 上斜率 k、截距 l 的直线上的点集。也可如下定义:

$$L(k,l) = \{(i,j) \mid j = ki + l\text{mod}(p), i \in Z_p\} \tag{4-14}$$

在任意给定方向,p 条平行线完全覆盖 $Z_p{}^2$ 平面,即

$$\sum_{i=0}^{p-1} r(k,l) = \frac{1}{\sqrt{p}} \sum_{(i,j) \in Z_p{}^2} f(i,j) = 0 \tag{4-15}$$

离散 Radon 变换是冗余的,当图像均值为 0 时存在逆变换。

4.1.4 正交脊波基

令

$$FRIT_f[k,m] = \langle FRAT_f(k,\cdot), \quad w_m{}^{(k)}[\cdot] \rangle = \frac{1}{\sqrt{p}} \sum_{l \in Z_p} w_m{}^{(k)}[l] \langle f, \psi_{k,l} \rangle \tag{4-16}$$

其中,$\{w_m{}^{(k)}, m \in Z_p\}$是 $Z_p{}^2$ 的一组正交基,$\psi_{k,l}$是一个 $FRAT$ 框架,定义为 $\psi_{k,l} = p^{-\frac{1}{2}} \delta_{k,l}$,其中 $\delta_{k,l}$是集合的特征函数。易知 $\rho_{k,m} = \sum_{l \in Z_p} w_m{}^{(k)}[l] \psi_{k,l}$构成正交脊波基函数系。

4.2 基于全局和局部对偶框架的数字脊波重构

4.2.1 快速 Slant Stack 变换

脊波变换是 Radon 域的小波变换,快速计算离散 Radon 变换是关键,现已有多种算法[84]。文[85]创建了快速 Slant Stack 变换,它把 $n \times n$ 的矩阵升阶为 $2n \times 2n$ 的矩阵。Radon 变换在代数直线上求和,会产生环绕噪声。Slant Stack 变换在几何直线上求和,可消除环绕噪声。多瑙荷等用此方法结合迈耶小波,建立了相应的数字脊波算法[81]。

基于框架理论[86,87],算法具有全局对偶框架(GDF)和局部对偶框架(LDF)表示,以

及相应的数字脊波重构算法。

算法可依下述程序完成：①对图像做阈值化脊波变换；②做共轭脊波变换；③用各种最优化算法（如牛顿法、拉格朗日乘子法或共轭梯度法）计算全局和局部逆框架。

设图像空间为 $\mathbf{H}$，对于给定图像 $I(u,v)_{n\times n}\in\mathbf{H}$，用考虑斜率 $|s|\leqslant 1$ 的水平直线 $y=sx+z$ 和垂直直线 $x=sy+z$。水平直线的离散 Radon 变换为

$$\text{Radon}(\{y=sx+z\},I)=\sum_u \tilde{I}^1(u,su+z) \tag{4-17}$$

其中，$\tilde{I}^1$ 是原始图像在 v 上的插值

$$\tilde{I}^1(u,y)=\sum_{v=-\frac{n}{2}}^{\frac{n}{2}-1} I(u,v)D_m(y-v) \tag{4-18}$$

$m=2n$，插值核为

$$D_m(t)=\cot\frac{\pi t}{m}\frac{\sin\pi t}{m}-i\frac{\sin\pi t}{m} \tag{4-19}$$

同理，对于垂直直线组，定义其离散 Radon 变换为：

$$\text{Radon}(\{x=sy+z\},I)=\sum_v \tilde{I}^2(sy+z,v) \tag{4-20}$$

其中

$$\tilde{I}^2(u,v)=\sum_{v=-\frac{n}{2}}^{\frac{n}{2}-1} I(u,v)D_m(x-v) \tag{4-21}$$

Slant Stack 算子 $S:L^2(\mathrm{d}x)\to L^2(\mathrm{d}t\mathrm{d}\theta)$ 定义如下：

$$SI(t,\theta)=\text{Radon}(\{y=\tan\theta+t\},I),\theta\in\left[-\frac{\pi}{4},\frac{\pi}{4}\right]$$

$$SI(t,\theta)=\text{Radon}(\{y=\cot\theta+t\},I),\theta\in\left[\frac{\pi}{4},\frac{3\pi}{4}\right] \tag{4-22}$$

它将 $n\times n$ 的矩阵 I 映为 $2n\times 2n$ 的矩阵 SI。其逆变换则通过 S 的共轭算子 $S*$ 实现。文[85]给出了计算 S 和 $S*$ 的快速算法，计算量为 $O(NlogN)$，$N=n^2$。

4.2.2 离散迈耶小波

设 $\psi_{j.k}(t,m)$ 是 m 点离散周期迈耶小波，$t\in\left[-\frac{m}{2},\frac{m}{2}\right]$，$J_0\leqslant j<\log_2 m$，$0\leqslant k<2^j$。对 $\psi_{j.k}(t,m)$ 做离散傅里叶变换（DFT），得

$$c_w^{j.k}=\sum_{w=-\frac{m}{2}}^{\frac{m}{2}-1}\psi_{j.k}(t,m)\mathrm{e}^{-i\frac{2\pi}{m}wt} \tag{4-23}$$

再做离散傅里叶逆变换(IDFT),得

$$\psi_{j.k}(t,m) = \frac{1}{m}\sum_{w=-\frac{m}{2}}^{\frac{m}{2}-1} c_w^{j.k} e^{i\frac{2\pi}{m}wt} \qquad (4-24)$$

由此对离散迈耶小波插值得到一个新函数 $\psi_{j.k}(t)$,取值在全实轴上。定义分数微分的迈耶小波为:

$$\tilde{\psi}_{j.k}(t) = \frac{1}{m}\sum_{w=-\frac{m}{2}}^{\frac{m}{2}-1} \delta_w c_w^{j.k} e^{i\frac{2\pi}{m}wt} \qquad (4-25)$$

其中

$$\delta_w = \begin{cases} \sqrt{\dfrac{2w}{m}}, & w \neq 0; \\ \sqrt{\dfrac{1}{4m}}, & w = 0. \end{cases} \qquad (4-26)$$

4.2.3 数字脊波

定义 4.1 设 n 为给定的自然数,数字脊波由如下 n 阶方阵 $\rho_{j.k,s,l}(u,v)$ 表示:

$$s = 1, \rho_{j.k,s,l}(u,v) = \tilde{\psi}_{j.k}(u + v\tan\theta_l^s), s = 2, \rho_{j.k,s,l}(u,v) = \tilde{\psi}_{j.k}(v + u\cot\theta_l^s) \qquad (4-27)$$

其中,$\theta_l^1 = \arctan\frac{2l}{n}, l \in [-\frac{n}{2}, \frac{n}{2}]$,$\theta_l^2 = \mathrm{arccot}\frac{2l}{n}, l \in [-\frac{n}{2}, \frac{n}{2}]$。

定义 4.2 数字脊波分解算子 R 把 $n \times n$ 的图像:$\left\{I(u,v), u,v \in [-\frac{n}{2}, \frac{n}{2}]\right\}$变换为 $4n^2$ 个脊波系数:

$$RI = \{\langle I, \rho_\lambda\rangle, \lambda \in (j.k,s,l)\} \qquad (4-28)$$

定理 4.1 数字脊波变换等价于做 Radon 变换后,再离散小波变换,即:

$$RI(j.k,s,l) = \langle SI(\cdot,s,l), \psi_{j.k}(\cdot)\rangle \qquad (4-29)$$

设 R 的共轭算子为 $R*$,则 $R* = S*M^{-1}$,其中 M^{-1} 为迈耶小波重构算子,$S*$ 为 S 的共轭算子。小波变换的计算量为 $O(N)$,$N = n^2$,$S*$ 和 S 的计算量为 $O(N\log N)$,故脊波变换 R 和共轭脊波变换 $R*$ 的计算量为 $O(N\log N)$。因方向相邻的数字脊波内积很大,脊波系数不会迅速衰减。再对矩阵的行做小波变换,可得伪极正交脊波[88]。

4.2.4 基于全局对偶框架的图像压缩和去噪算法

用数字脊波算法对图像 I 作压缩和去噪,可依如下步骤进行。

步骤1：对 I 做脊波变换，即先做 Radon 变换 S，得到 $J=SI$；再做小波变换 W，得到 $K=WJ$。

步骤2：确定小波阈值后得到 $\tilde{K}$，做小波逆变换得到 $\tilde{J}=W^{-1}\tilde{K}$。因 S 非满射，$\mathbf{H}$ 的像空间在 $\mathbf{L}^2(\mathrm{d}t\mathrm{d}\theta)$ 中，而 $\tilde{J}=W^{-1}\tilde{K}$ 却可能在 $\mathbf{H}$ 的像空间之外。文[85]将 $\tilde{J}$ 正交投影到 $\mathbf{H}$ 的像空间中再求逆，由此得：$S*\tilde{SIJ}=S*(\tilde{J})$。

步骤3：重构图像：$\hat{I}=(S*S)-IS*(\tilde{J})$。

下面对上述算法用全局对偶框架理论分析。

设脊波 $\{\rho_\lambda,\lambda\in T\}$ 为图像空间 $\mathbf{H}$ 中的框架，指标集为 T，R 是脊波框架算子，满足 $R(I_\lambda)=\{\langle I,\rho_\lambda\rangle,\lambda\in T\}$，共轭算子为 R^*，则脊波框架算子的自伴算子 L 为：

$$L=R^*R=\sum_{\lambda\in T}\langle I,\rho_\lambda\rangle\rho_\lambda \tag{4-30}$$

自伴算子 L 是可逆的，由逆算子 L^{-1} 定义全局对偶框架 $\rho_\lambda*$，$\rho_\lambda*=L^{-1}\rho_\lambda$。由框架理论，图像空间 $\mathbf{H}$ 中的任一图像 I 都作全局对偶框架展开：

$$I=\sum_{\lambda\in T}\langle I,\rho_\lambda\rangle\rho_\lambda^* \tag{4-31}$$

将图像 I 的脊波系数作阈值处理，得到 $\langle I,\rho_\lambda\rangle,\lambda\in T'$，$T'$ 为阈值处理后的指标集，它由步骤2中的小波阈值确定，可得 I 的一个近似 $\tilde{I}$：

$$\tilde{I}=\sum_{\lambda\in T'}\langle I,\rho_\lambda\rangle\rho_\lambda^* \tag{4-32}$$

易证，重构图像 $\hat{I}=(S*S)-IS*(\tilde{J})$ 是原图像 I 在全局脊波对偶框架展开 $\sum_{\lambda\in T}\langle I,\rho_\lambda\rangle\rho_\lambda^*$ 阈值处理后的结果 $\tilde{I}=\sum_{\lambda\in T'}\langle I,\rho_\lambda\rangle\rho_\lambda^*=\tilde{I}$。

4.2.5　基于局部对偶框架的图像压缩和去噪算法

阈值后的脊波系数 $\langle I,\rho_\lambda\rangle$ 只对应部分脊波基 $\rho_\lambda,\lambda\in T'$，重构图像时仍用全局对偶框架 $\rho_\lambda^*,\lambda\in T$ 中的一部分 $\rho_\lambda^*,\lambda\in T'$。

设 T' 为阈值处理后的脊波指标集，m 为 T' 中的元素个数，部分脊波基 $\rho_\lambda,\lambda\in T'$ 张成 H 的子空间 V，$\rho_\lambda,\lambda\in T'$ 构成 V 的框架，算子 $C:\mathbf{V}\to\mathbf{L}^2(m)$ 定义为：

$$\forall f\in\mathbf{V},(Cf)_{\lambda\in T'}=\langle f,\rho_\lambda\rangle,\lambda\in T' \tag{4-33}$$

若将 C 的定义域扩大到全图像空间 H，则定义另一算子 $\bar{C}:\mathbf{H}\to\mathbf{L}^2(m)$ 为：

$$\forall g\in\mathbf{H},(\bar{C}g)_{\lambda\in T'}=\langle g,\rho_\lambda\rangle,\lambda\in T' \tag{4-34}$$

相应自伴算子 L_v，$\bar{L}_v$ 定义如下：

$$L_v:\mathbf{V}\to\mathbf{V},\ L_uf = \sum_{\lambda\in T'}\langle f,\rho_\lambda\rangle\rho_\lambda$$

$$\bar{L}_{vv}:\mathbf{H}\to\mathbf{V},\bar{L}_vg = \sum_{\lambda\in T'}\langle g,\rho_\lambda\rangle\rho_\lambda \tag{4-35}$$

易知 $L_v = C_C^*$，及 $\bar{L}_v = C_C^*$。

由自伴随算子 L_v 可得 $\rho_\lambda,\lambda\in T$ 的局部对偶框架 $\tilde{\rho}_\lambda,\lambda\in T',\tilde{\rho}_\lambda = L_v^{-1}\rho_\lambda$，对于给定的图像 I，利用全局对偶框架重构的图像为：

$$\tilde{I} = \sum_{\lambda\in T'}\langle I,\rho_\lambda\rangle\rho_\lambda^* = L_{-1}\sum_{\lambda\in T'}\langle I,\rho_\lambda\rangle\rho_\lambda = L_{-1}\bar{L}_vI \tag{4-36}$$

利用局部对偶框架重构的图像则为：

$$f = \sum_{\lambda\in T'}\langle I,\rho_\lambda\rangle\tilde{\rho}_\lambda = L_v^{-1}\sum_{\lambda\in T'}\langle I,\rho_\lambda\rangle\rho_\lambda = L_v^{-1}\bar{L}_vI \tag{4-37}$$

上述重构公式可依如下步骤实现：

步骤1：对图像进行脊波分解，阈值处理后得到基的指标集 T' 和脊波系数矩阵 M：

$$M = \begin{cases}\langle I,\rho_\lambda\rangle, & \lambda\in T'\\ 0, & \lambda\notin T'\end{cases} \tag{4-38}$$

步骤2：对脊波系数矩阵 M 做共轭脊波变换，得 $b = R_M^*$，其中 $R_=^* S_{W^{-1}}^*$。用马拉金字塔算法作小波重构，得到 $W_{-1}M$，再用 Slant Stack 算法计算 $S_{W^{-1}}^*M$。

步骤3：在给定精度下选用合适的最优化算法解方程 $L_uf = b$。

4.3 图像去噪的数字曲波变换算法

4.3.1 连续曲波变换

1999 年，坎德斯和多瑙荷创建曲波变换理论，它是脊波理论的延续和发展[89,90]。曲波变换由多尺度脊波变换和特殊的滤波过程构成。其实现原理是：将图像分解为低通子图和带通子图，分别作经典小波分析和多尺度脊波分析。

曲波变换的基本方程是各向异性尺度关系，即曲波基的支撑区间宽度大约是长度的平方：width = length^2，这表明曲波是一种多分辨、带通、方向的新型小波。

文[90,91]给出了曲波的数字化算法，J. L. Starck 用曲波变换对图像进行去噪，得到了极佳结果。把全局和局部对偶框架的思想应用到数字曲波重构，可得新的数字曲波重构算法。

单尺度脊波变换的基本尺度是固定的，而曲波变换由多尺度脊波合并带通滤波器得到，在所有可能的尺度上进行分解，构造思想如下：

设 Q 表示二维空间的二进分块 $Q=\left[\frac{k_1}{2^s},\frac{k_1+1}{2^s}\right)\times\left[\frac{k_2}{2^s},\frac{k_2+1}{2^s}\right)$，$\Omega$ 是分块的集合，Ω_s 表示尺度为 s 的所有分块。对于 $Q\in\Omega_s$，用如下的方法进行光滑：设 w 是光滑窗，满足：$\sum_{k_1,k_2} w^2_{(} x_1-k_1,x_2-k_2)=1$，定义伸缩算子：

$$T_Q g = 2^{sg}(2^s x_1-k_1,2^s x_2-k_2) \tag{4-39}$$

当 s 固定时，称集合

$$\psi^Q_{a,b,\theta}(x_1,x_2) = w_Q(x_1,x_2)(T_Q\rho_\lambda)(x_1,x_2) \tag{4-40}$$

就是脊波的定义公式。其中，Q 表示二维空间的二进分块，$Q=\left[\frac{k_1}{2^s},\frac{k_1+1}{2^s}\right)\times\left[\frac{k_2}{2^s},\frac{k_2+1}{2^s}\right)$，在上文刚刚定义。而 $\psi^Q_{a,b,\theta}(x_1,x_2)$ 中的下标$_{a,b,\theta}$是小波的原始参数，其取值域为 $a>0,b\in R,\theta\in[0,2\pi)$，而集合 $\{\psi^Q_{a,b,\theta}(x_1,x_2),a>0,b\in R,\theta\in[0,2\pi),Q\in\Omega_s\}$就是框架。于是有

$$\sum_{Q\in\Omega_s}\sum_{\lambda\in T'}\langle f,\psi^Q_{a,b,\theta}\rangle\psi^Q{}_{a,b,\theta} \tag{4-41}$$

且对此紧框架成立帕塞瓦尔(Parseval)等式

$$\|f\|^2 = \sum_{Q\in\Omega_s}\sum_{\lambda\in T'}|\langle f,\psi^Q_{a,b,\theta}\rangle|^2 \tag{4-42}$$

设曲波变换所用带通滤波器为 φ_0,ψ_{2s}，满足条件：

1) φ_0 是低通滤波器，通带范围：$|\xi|\leqslant 1$。

2) ψ_{2s}是带通滤波器，通带范围：$|\xi|\in[2^{2s},2^{2s+2}]$。

3) 所有滤波器满足等式：$|\widehat{\varphi_0}|^2+|\sum_{s\geqslant 0}\hat{\psi}_{2s}|^2=1$。

定义曲波变换系数为：

$$\alpha_\mu = \langle\Delta_s f,\psi^Q_{a,b,\theta}\rangle \tag{4-43}$$

曲波的集合构成 $\mathbf{L}^2(\mathbf{R}^2)$上的紧框架：$\|f\|^2=\sum_{\mu\in M}|\langle f,\sigma_\mu\rangle|^2$，且有分解

$$f = \sum_{\mu\in M}\langle f,\sigma_\mu\rangle\sigma_\mu \tag{4-44}$$

对于曲波变换逼近阶，成立下面的定理：

定理4.2　设 $g\in W^{(2)}(R^2)$，令 $f(x)=g(x)|\{x_2\leqslant\gamma(x_1)\}$，则函数 f 的曲波变换 M 项非线性逼近 $Q^C_M(f)$ 可达误差界：$\|f-Q^C_M(f)\|^2\leqslant CM^{-2}\sqrt{logM}$。

4.3.2　数字曲波变换

文[90,91]给出了数字曲波算法，主要步骤为：1) 子图分解；2) 子图分块并光滑化；

3)归一化;4)多尺度脊波分析。详述如下:

1)子图分解:设图像大小为 256×256(或 640×640),将图像用合适的经典小波,例如道波茜小波(*db*4)或 *sym*4 小波,分为 8 个子图,分别记为 $j=0,1,\cdots,7$。低通图像 f_1 对应经典小波子图 $j=0,1,2,3$,带通图像 f_2,f_3 对应经典小波子图 $j=4,5,6,7$。

2)子图分块:将带通图像 f_2 分成 32×32 的小块 $f_{2,i,j}$,共有 64 个小块:$f_{2,i,j},i=1,\cdots,8,j=1,\cdots,8$。将带通图像 f_3 分成 16×16 的小块 $f_{3,m,n}$,共有 256 个小块 $f_{3,m,n},m=1,\cdots,16,n=1,\cdots,16$。

3)多尺度脊波分析:用 64×64 的重叠的块 $g_{2,p,q},p=1,\cdots,7,q=1,\cdots,7$ 覆盖 f_2,其中

$$g_{2,p,q}=f_2([(p-1)\times 64+1,(p+1)\times 64]\times[(q-1)\times 64+1,(q+1)\times 64])$$

用 32×32 的重叠的块 $g_{3,x,y},x=1,\cdots,15,y=1,\cdots,15$ 覆盖 f_3,其中

$$g_{3,x,y}=f_3([(x-1)\times 32+1,(x+1)\times 32]\times[(y-1)\times 32+1,(y+1)\times 32])$$

对 $g_{2,p,q}$ 和 $g_{3,x,y}$ 做脊波分析,得到脊波系数 $\alpha_{2,p,q,\lambda}$ 和 $\alpha_{3,x,y,\lambda}$,其中 λ 为脊波指标。

以上各步都可逆,故重构算法可依如下几步依次进行:

1)脊波重构:对每块图像脊波系数 $\alpha_{2,p,q,\lambda}$ 和 $\alpha_{3,x,y,\lambda}$,用文[88]给出的逆变换求逆,即 $R^{-1}=S^{-1}W^{-1}$,其中 W^{-1} 为迈耶小波逆变换算子,$R^{-1}=S^{-1}W^{-1}$ 为广义 Radon 逆变换算子。可用 GDF 或 LDF 算法进行重构。

2)光滑化:用覆盖 $f_{2,i,j}$ 的 64×64 四块 B_1,B_2,B_3,B_4 加权平均求和,得到:

$$\begin{aligned}h_1&=w\left(\frac{i_2}{l}\right)B_1(i_1,j_1)+w\left(1-\frac{i_2}{l}\right)B_2(i_2,j_1)\\h_2&=w\left(\frac{i_2}{l}\right)B_3(i_1,j_2)+w\left(1-\frac{i_2}{l}\right)B_4(i_2,j_2)\\\Delta f_{2,i,j}&=w\left(\frac{j_2}{l}\right)h_1+w\left(1-\frac{j_2}{l}\right)h_2\end{aligned}\tag{4-45}$$

其中,光滑函数可取为 $w(x)=\cos^2\dfrac{\pi x}{2}$,$l=32$ 为块的大小,$i_2=i_1-l,j_2=j_1-l$。同理,对于 $f_{3,m,n}$,可以得到 $\Delta f_{3,m,n}$。

3)子图重构:对每一子图分别重构得到 $\Delta f_1,\Delta f_2,\Delta f_3$,将其投影到相应子图后再相加,即可重构图像:$f=\Delta_1(\Delta f_1)+\Delta_2(\Delta f_2)+\Delta_3(\Delta f_3)$。

4.3.3 数字曲波变换去噪仿真实验

我们对大小为 256×256 的标准列娜图像加入高斯白噪声,噪声均方差 $\sigma=15$。用半软阈值法进行去噪,所取阈值用蒙特卡罗法进行估计。

设含噪图像的曲波变换系数为 y_λ,$\bar{\sigma}_\lambda$ 是含噪图像均方差曲波变换值的估计量:

$$\bar{y}_\lambda = \begin{cases} y_\lambda, 当\dfrac{|y_\lambda|}{\sigma} \geqslant k\bar{\sigma}_\lambda; \\ 0, 当\dfrac{|y_\lambda|}{\sigma} < k\bar{\sigma}_\lambda. \end{cases} \tag{4-46}$$

选取一个依赖于子图 k 的阈值,例如,对于子图 $s=2$,取 $k=3$;对于子图 $s=3$,取 $k=6$。分别用 GDF 算法和 LDF 算法对其进行去噪实验,去噪结果如下图 4-2 所示。

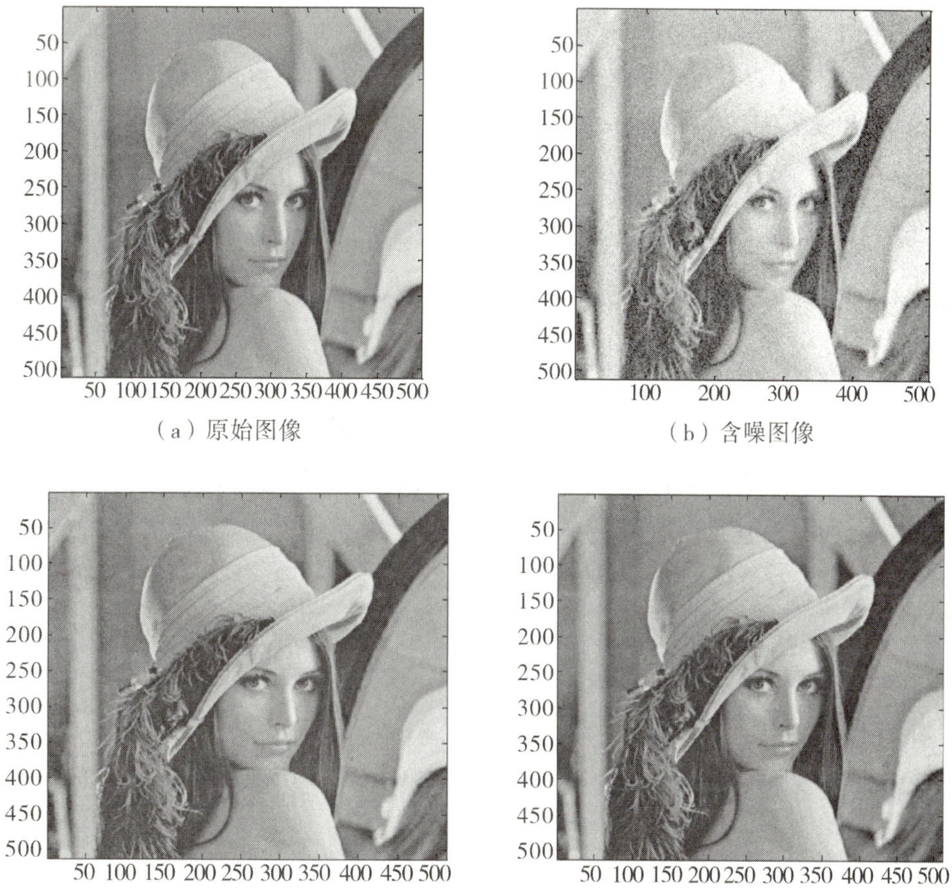

(a) 原始图像　(b) 含噪图像

(c) GDF算法去噪图像　(d) LDF算法去噪图像

图 4-2　列娜标准图像全局和局部对偶框架曲波变换算法去噪结果

4.4　基于曲波变换的遥感图像分解

4.4.1　图像卡通部分和纹理部分的分解

一幅遥感图像 f 包含卡通部分和纹理部分:$f=u+v$。Rudin、Osher 和 Fatemi[92] 提出有界变差最小化 ROF 模型。迈耶[93]提出用 G 空间(BV 空间的一种对偶空间)来刻画纹理。G 空间包含了更多纹理,适合提取图像的震荡部分。Vese 和 Osher[94]给出了迈耶模型的一种偏微分方程数值算法。文[95 - 97]用 H^{-1}空间(逆希尔伯特 - Sobolev 空间)代替 G 空间,并且提出了许多基于偏微分方程的数值算法,计算量较大。道波茜[98]用 $\mathbf{B}_1^{\ 1}(\mathbf{L}_1)$项代替 BV 罚项,用小波求解变分问题,减少了计算量,但小波重构的图像边缘变得模糊,须辅助采用边缘增强算法。J. L. Starck[99]构造的图像分解算法,包含纹理子图和卡通子图两个字典。曲波可以很好地表示卡通子图。

如前所述,为了提取纹理子图和卡通子图,迈耶提出用 BV 空间的对偶空间 G 空间来刻画纹理。如果 v 表示纹理和噪声,则 $v \in G$,引入如下的图像重构模型:

$$inf\left\{E(u) = \int |\nabla u| + \lambda \| v \| , f = u + v\right\} \tag{4-47}$$

对于 G 空间,迈耶[93]给出了如下定义:

定义 4.3　设 G 是一种巴拿赫空间,其构成元素为形如下式的广义函数 $v(x,y)$:

$$v(x,y) = \frac{\partial g_1(x,y)}{\partial x} + \frac{\partial g_2(x,y)}{\partial y}, g_1(x,y), g_2(x,y) \in \mathbf{L}^{\infty}(\mathbf{R}^2) \tag{4-48}$$

引入 $\| v \|$ 范数,它是向量函数 $|\mathbf{g}|$ 的 $\mathbf{L}^{\infty}(\mathbf{R}^2)$ 范数的下确界,其中

$$g = (g_1(x,y), g_2(x,y)), |\vec{g}| = \sqrt{{g_1}^2(x,y) + {g_2}^2(x,y)} \tag{4-49}$$

G 空间范围大于 $\mathbf{L}^2(\mathbf{R}^2)$ 空间,包含更多纹理。道波茜[98]用 $\mathbf{B}_{1,1}^{\ 1}$ 代替 BV 空间,用$\mathbf{H}-1$ 空间代替 G 空间,建立模型:

$$inf\{F_f(v,u)\}, \text{其中 } F_f(v,u) = \| f - (u+v) \|^2_{L^2(\Omega)} + \gamma \| v \|^2_{H^{-1}(\Omega)} + 2\alpha | u |_{B_{1,1}^{\ 1}} \tag{4-50}$$

我们如下定义 Besov 空间 $\mathbf{B}_p^{\ \beta}(\mathbf{L}_p(\mathbf{\Omega}))$:

定义 4.4　设 $\psi_{j,k}$ 为离散小波基函数,对于 $\beta > 0, p \in [0, +\infty)$,Besov 空间 $\mathbf{B}_p^{\ \beta}(\mathbf{L}_p(\mathbf{\Omega}))$是如下函数的集合:

$$\mathbf{B}_p^{\ \beta}(L_p(\mathbf{\Omega})) = inf\{f \in (\mathbf{L}_p(\mathbf{\Omega})) : | f |_{L_p(\Omega)} < +\infty\} \tag{4-51}$$

其中,$|f|_{L_p(\Omega)} = (\sum_{\lambda} 2^{|\lambda| sp} |f_\lambda|^p) \frac{1}{p}, |f|_\lambda = \langle f, \psi_\lambda \rangle, s = \beta + 1 - \frac{2}{p}$。

类似 Soblev 空间$\mathbf{H}^{\beta}(\mathbf{\Omega})$的特例,负指数 Besov 空间 $\mathbf{B}_p^{\ \beta}(\mathbf{L}_p(\mathbf{\Omega}))$可视为 $\mathbf{B}_{p'\beta'}(\mathbf{L}_{p'}(\mathbf{\Omega}))$的对偶空间,其中 $\beta' = -\beta, \frac{1}{p} + \frac{1}{p'} = 1$。写出式(4 - 50)的小波形式,问题转化为:

$$inf\{\sum_{\lambda \in J}(|f_\lambda - (u_\lambda + v_\lambda)|^2 + \gamma 2^{-2|\lambda|} | v_\lambda |^2 + 2\alpha | u_\lambda |)\} \tag{4-52}$$

其中,指标集 $J = \{\lambda = (i,j,k), i = 1,2,3, j \in Z\}$。上式可由如下阈值规则来求解。

定理4.3　给定图像f,f的小波系数的非线性滤波即是式(4-52)的解:

$$\tilde{v}_{\gamma,\alpha}=\sum_{\lambda\in J_{j0}}(1+\gamma 2^{-2|\lambda|})-1[f_\lambda-S_{\alpha(2^{2|\lambda|}+\gamma)/\gamma\lambda}f_\lambda]\psi_\lambda$$

$$\tilde{u}_{\gamma,\alpha}=\sum_{k\in I_{j0}}\langle f,\varphi_{j_0,k}\rangle\varphi_{j_0,k}+\sum_{\lambda\in I_{j0}}S_{\alpha(2^{2|\lambda|}+\gamma)/\gamma\lambda}f_\lambda \tag{4-53}$$

其中,小波阈值算子$S_{\alpha(2^{2|\lambda|}+\gamma)/\gamma}$,尺度$\varphi_{j_0,k}$,指标集$J_{j_0}=\{j\ j>j_0\}$,$I_{j_0}=\{\lambda|\lambda$ 对应$j_0\}$。

我们用数字曲波变换分解图像,用文[100]的算法重构图像。在$[0,1]^2$上无限光滑且在有限光滑弧上有间断的函数f属于$B_{1,1}{}^{1}([0,1]^2)$,但不属于$B_{1,1}{}^{s}([0,1]^2)$,$s>1$。M项经典小波非线性逼近误差为$O(M^{-1})$,而M项曲波非线性逼近误差可达最优逼近误差$O(M^{-2})$。令$\beta=2$,并用曲波代替经典小波,即得

$$inf\{\sum_{\xi\in s_1,s_2,s_3}(|f_\xi-(u_\xi+v_\xi)|^2+\gamma 2^{-4|\xi|}|v_\xi|^2+2\alpha 2^{|\xi|}|u_\xi|)\} \tag{4-54}$$

其中s_1,s_2,s_3是曲波子图指标集,$|\xi|$是曲波尺度,$s=2$的曲波子图取尺度$|\xi|=3.5+\frac{1}{2}J$。$s=3$的曲波子图取尺度$|\xi|=6.5+\frac{1}{5}J$。相应阈值结果为:

$$\tilde{v}_{\gamma,\alpha}=\sum_{\xi\in s_2,s_3}(1+\gamma 2^{-4|\xi|})-1[f_\xi-S_{\alpha 2|\xi|(2^{4|\xi|}+\gamma)/\gamma}f_\xi]c_\xi \tag{4-55}$$

$$\tilde{u}_{\gamma,\alpha}=f_1+\sum_{\xi\in s_2,s_3}S_{\alpha 2|\xi|(2^{4|\xi|}+\gamma)/\gamma}f_\xi c_\xi \tag{4-56}$$

其中,c_ξ是曲波基函数。设离散曲波变换矩阵为F,对称矩阵FF^T的对角元统计估计值为$\bar{\sigma}_\xi{}^2$,令$\alpha=\bar{\sigma}_\xi\cdot b$。用基于指标的阈值公式,阈值处理结果为:

$$\tilde{v}_{\gamma,\alpha}=\sum_{\xi\in s_2,s_3}(1+\gamma 2^{-4|\xi|})-1\left[f_\xi-S_{\bar{\sigma}_\xi\cdot b2^{|\xi|}(2^{4|\xi|}+\gamma)/\gamma}f_\xi\right]c_\xi \tag{4-57}$$

$$\tilde{u}_{\gamma,\alpha}=f_1+\sum_{\xi\in s_2,s_3}S_{\bar{\sigma}_\xi\cdot b2^{|\xi|}(2^{4|\xi|}+\gamma)/\gamma}f_\xi c_\xi \tag{4-58}$$

4.4.2　仿真实验

对于一幅含噪纹理图像,噪声就是其纹理部分,原始图像就是其卡通部分。我们把含噪北京地区遥感图像分解为卡通部分和纹理部分,加入方差$\sigma=15$的高斯白噪声,并用数字曲波阈值算法进行去噪,效果良好,具有很强的鲁棒性,图像边缘稳定,视觉效果较好。

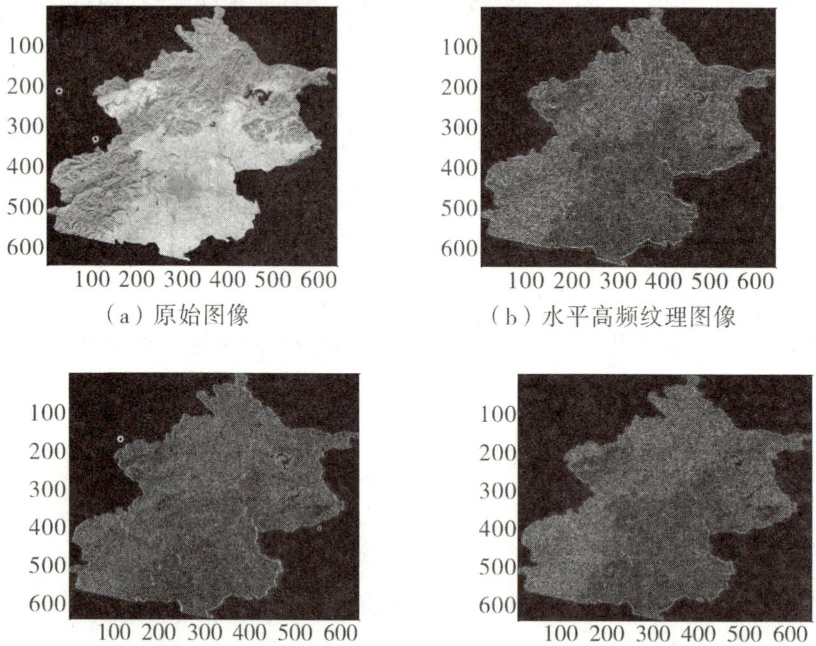

（a）原始图像　（b）水平高频纹理图像

（c）垂直高频纹理图像　（d）对角高频纹理图像

图 4－3　数字曲波算法应用于北京地区纹理图像去噪结果

4.5　本章小结

本章研究脊波和曲波变换方法，重点是离散形式的数字脊波和数字曲波变换的图像分解算法。给出了脊波变换的基本概念，研究和比较了基于全局和局部对偶框架的 GDF 算法和 LDF 算法。

本章还研究了基于数字曲波变换的图像分解算法。将全局或局部对偶框架重构用于每一子图的脊波重构，将图像分解为卡通部分和纹理部分。坎德斯提出了一个快速离散曲波算法[101]，适合本章的图像分解。我们对大小为 256×256 的标准列娜图像和北京地区含噪遥感图像用曲波阈值算法进行了去噪实验。

第 5 章 嘉伯小波图像目标识别方法

5.1 嘉伯变换及其函数特性

嘉伯变换(Gabor Transform)是重要的方向滤波器,在纹理图像分析中应用广泛,特别适用方向性边缘检测。1980 年,Marcelija[102] 发现一维嘉伯函数可描述简单细胞感受野的剖面线,建立了一维嘉伯滤波器组参数化模型。1985 年,Daugman[103] 把嘉伯测不准原理从一维推广到二维,并证明一维嘉伯函数可达时频域下限。他建立了二维嘉伯滤波器组模型,研究了各参数如相位、方向带宽、频率带宽之间的约束关系。

二维嘉伯滤波器有两个显著优点:

1)嘉伯滤波器满足测不准原理确定的有效持续时间和频率带宽乘积的下限,可同时在时域和频域获得最佳局部化。

2)嘉伯滤波器是带通的,与视觉接收场模型吻合。目前,嘉伯滤波器已应用于模式识别的许多领域,如目标识别、边缘检测、特征提取等。

本章提出基于多尺度嘉伯滤波器和 BP 神经网络结合的图像目标识别方法。

嘉伯小波基是非正交的,滤波图像中包含冗余信息。设参数 U_l 和 U_h 分别表示频域中最粗糙尺度和最佳尺度的中心频率,具有最低和最高的频率值。由于滤波器具有指数级尺度间隔,可设 $U_h = a^{M-1}U_l$,尺度参数为:$a = \left(\frac{U_h}{U_l}\right)\frac{1}{M-1}$。

二维嘉伯滤波器基函数的一般形式可写为[104,110]:

$$h(x,y,\theta_k,\lambda,\sigma_x,\sigma_y) = \frac{1}{2\pi\sigma_x\sigma_y}\exp\left(\pi\left[\left(\frac{x_{\theta_k}}{\sigma_x}\right)^2 + \left(\frac{y_{\theta_k}}{\sigma_y}\right)^2\right]\right)\exp\left(\frac{2\pi i x_{\theta_k}}{\lambda}\right) \tag{5-1}$$

可见嘉伯函数是一个复正弦函数调制的高斯复变函数。其中滤波器方向数为 k,$k=1,2,\cdots,n$。λ 和 θ_k 分别为正弦波的波长和角度 $\theta_k = \frac{(k-1)\pi}{n}$。而 σ_x,σ_y 分别是高斯包络在 x 方向和 y 方向的均方差,决定了高斯包络的空间扩展。而坐标旋转公式为

$$x_{\theta_k} = x\cos\theta_k + y\sin\theta_k, y_{\theta_k} = -x\sin\theta_k + y\cos\theta_k \tag{5-2}$$

由此可获不同方向的(各向异性)滤波器。

图5－1显示的是嘉伯函数在 $\theta_k=0$ 和 $\theta_k=\frac{3\pi}{4}$时的波形,其中 $\lambda=6,\sigma=2$。可见嘉伯滤波器具有很好的方向性,实部分量和虚部分量具有正交相位关系,分别对应实嘉伯滤波器 h_{real}和虚嘉伯滤波器 h_{imag},即嘉伯滤波器 $h=h_{real}+h_{imag}$。令

$$G(x,y)=\frac{1}{2\pi\sigma_x\sigma_y}\exp\left(-\pi\left[\left(\frac{x_{\theta_k}}{\sigma_x}\right)^2+\left(\frac{y_{\theta_k}}{\sigma_y}\right)^2\right]\right) \tag{5-3}$$

则实部和虚部滤波器分别是

$$h_{real}(x,y,\theta_k,\lambda)=G(x,y)\cos\frac{2\pi x_{\theta_k}}{\lambda},$$

$$h_{imag}(x,y,\theta_k,\lambda)=G(x,y)\sin\frac{2\pi x_{\theta_k}}{\lambda} \tag{5-4}$$

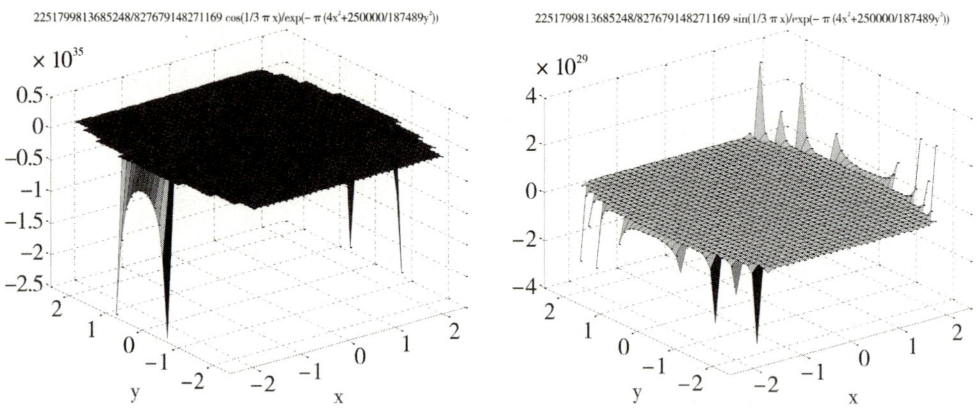

图5－1　嘉伯滤波器函数的图像:左图是实部,右图是虚部

嘉伯滤波器 O_h 定义为嘉伯基函数对原始图像的卷积(Convolution):

$$m(x,y)=O_h(I(x,y))=|I(x,y)*h(x,y)| \tag{5-5}$$

其中,$I(x,y)$代表图像(Image),$m(x,y)$是嘉伯滤波图像。

滤波器参数 σ_u 和 σ_v 算法如下:

(1)设 t 是 u 轴上半幅最小滤波宽度,则有

$$U_h-U_l=t+2at+2a^2t+\cdots+2a^{M-2}t+2a^{M-1}t=\frac{a+1}{a-1}(a^{M-1}-1)t \tag{5-6}$$

因标准差为 σ 的高斯函数的半幅值为 $\sigma\sqrt{2\ln 2}$,故最大滤波的半幅值为 $a^{M-1}t=\sigma_u\sqrt{2\ln 2}$,联立二式得 $\sigma_u=\frac{(a-1)U_h}{(a+1)\sqrt{2\ln 2}}$。

(2)两个异向的半幅滤波曲线中,相邻椭圆的切线角度为 $\varphi=\frac{\pi}{k}$(k 是方向数),则

$$\frac{(u-U_h)^2}{2\ln 2\sigma_u{}^2}+\frac{v^2}{2\ln 2\sigma_v{}^2}=1 \tag{5-7}$$

令 $v=\tan\frac{\varphi}{2}u$，则

$$(\sigma_v{}^2+\tan^2\frac{\varphi}{2}\sigma_u{}^2)u^2-2U_h\sigma_v{}^2u+U_h{}^2\sigma_v{}^2-2\ln 2\sigma_u{}^2\sigma_v{}^2=0 \tag{5-8}$$

此方程有实根的条件为

$$\sigma_v=\tan\frac{\varphi}{2}\sqrt{\frac{U_h{}^2}{2\ln 2}-\sigma_u{}^2} \tag{5-9}$$

解得

$$\sigma_v=\tan\left(\frac{\pi}{2k}\right)\left[U_h-2\ln\left(\frac{\sigma_u{}^2}{U_h}\right)\right]\left[2\ln 2-\frac{(2\ln 2)^2\sigma_u{}^2}{U_h{}^2}\right]-\frac{1}{2} \tag{5-10}$$

嘉伯滤波器的基函数虽非完备正交基，仍可视其为一种广义的小波滤波器。

5.2　提取嘉伯小波特征的方法

在用嘉伯滤波器提取图像目标特征时，可分别在特征提取的前、中、后期进行相应处理。前期处理指对一定数量的采样点进行嘉伯滤波，对图像进行去噪和边缘提取，在单嘉伯滤波器的参数优化算法中，先对一个参数进行优化搜索，再确定其他参数。后期处理是指对嘉伯特征进一步处理，比如，用主成分分析方法降低维数，通过 BP 神经网络的训练得到高识别率，再应用于分割、检测、识别等过程。这样的多阶段处理方法具有较强的鲁棒性，可以有效降低嘉伯特征的维数，不会形成“维数灾难”（Dimension Disaster）。

嘉伯小波提取特征的通用方法是：用具有各向异性的嘉伯滤波器卷积图像，得到特征图像，或把原始图像向小波空间投影。

据此方法，对北戴河海滨的遥感图像进行了目标区域的边缘提取（图 5－2）。

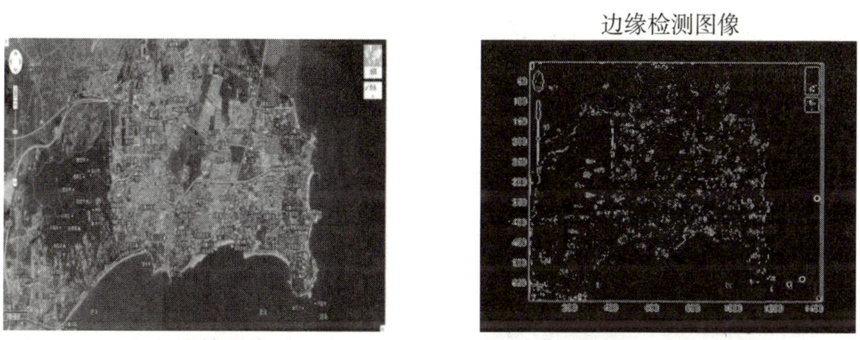

（a）原始图像　　（b）小波边缘检测处理后的边界图像

图 5－2　北戴河海滨目标图像的提取

5.3 小波特征模板

5.3.1 能量函数的确定和最小化

目标区域确定后，就可求出若干具有特定参数的小波来刻画目标特征。选择参数量 n 时依照能量最小原则，定义能量函数：

$$E(n) = \sum_{X \in \text{Range}} (I(X) - DC(I) - \psi_n(X)) \tag{5-11}$$

其中，$I(X)$ 为原始图像，$DC(I)$ 为图像均值，Range 为目标图像范围。小波 $\psi_n(X)$ 可使能量函数最小化。

5.3.2 参数优化

在目标区域内，取均匀分布的网格点为位置参数初值，角度初值则随机选取，尺度初值取 1，进行多尺度优化。可先优化位置和角度，再优化尺度参数。

可采用多种优化方法进行参数优化，当初始点与目标特征距离较远时，粒子群优化算法（Particle Swarm Optimization，PSO）[105]较好，具体过程如下：

1. 选择初始位置和初始角度

嘉伯小波对边缘特征十分敏感，可先找到目标边缘，再从边缘点出发优化。嘉伯小波的特性是：频率响应在小波与边缘方向一致时达到峰值，方向偏转时响应速降。当小波参数恰好刻画目标边缘的位置和方向时，能量函数 $E(n)$ 取得最小值。

定义 h 的响应为 x，v 的响应为 y，则获边缘的幅度为 $\sqrt{x^2+y^2}$，边缘的方向为 $\theta = \arctan \frac{y}{x}$，确定为小波的初始角度。选取初始尺度 $s_x=1$，$s_y=1$，平移参数 c_x，c_y，按照公式（5－10）优化小波参数。图 5－3 是产生的边缘图像。

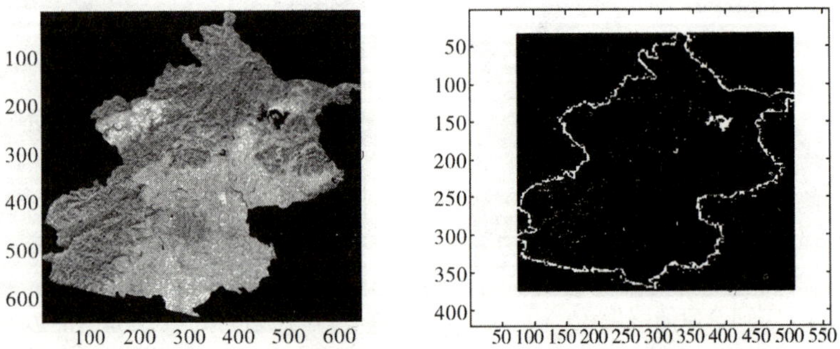

图 5－3 北京地区目标遥感图像的边缘提取

2. 尺度参数的优化

优化了位置与角度参数后,再优化尺度参数。利用已确定的小波的位置和角度,沿边缘曲线的切线和法线方向同步搜索,确定最优小波尺度参数。

5.3.3　小波特征模板的算法

小波的特征模板,包括位置、角度和尺度参数的确定步骤如下:

步骤 1　求得参数向量 $n_1 = (c_x, c_y, \theta, s_x, s_y)^T$ 的初始小波 ψ_{n_1},构成小波子空间 $\Psi_1 = \{\psi_{n_1}\}$,把图像向子空间投影,得到小波系数:

$$w_1 = \langle I, \psi_{n_1} \rangle = \sum_{X \in Range} I(X)\psi_{n_1}(X) \tag{5-12}$$

步骤 2　求出初始小波 ψ_{n_1} 和小波系数 w_1,重构图像。

步骤 3　用原始图像减去初始小波重构图像 $I_D = I - w_1\psi_{n_1}$,得到差图像 $I_D = I - w_1\psi_{n_1}$,使得之前求出的各个小波线性无关。

重复以上过程,在图像边缘中重新搜索另一个大幅度的边缘点作为新的初始点,并在差图像中对第二个小波 ψ_{n_2} 优化参数和求取权重,直至找到组成完整小波特征模板所需的全部 m 个小波 $\Psi_1 = \{\psi_{n_1}, \psi_{n_2}, \cdots, \psi_{n_m}\}$ 及其权重系数。

5.4　多通道嘉伯滤波器

5.4.1　多通道嘉伯滤波器展开

动物视觉系统中存在一种通道,即“带通滤波器”,它把频率和方向结合到一起,调谐到一个狭窄区域。受此启发,纹理图像处理中也有“多通道滤波器算法”,它可以研究不同纹理尺寸和方向的差异,并仅用简单的灰度值统计来提取纹理特征。

类似我们熟知的幂级数展开,任何有限维函数都可表示为位移嘉伯函数的加权和,称为嘉伯展开。设 $f(x,y)$ 是欧几里得平面域 R^2 内的二元函数,则可展为

$$f(x,y) = \sum_{X \in Range} w_{rsmin} g(x - x_r, y - y_s) \exp[2\pi i(U_m(x - x_r) + V_n(y - y_s))] \tag{5-13}$$

其中,位移序列 (x_r, y_s) 和调制频率 (U_m, V_n) 有固定间隔,x, U, y, V 满足 $xU = yV = 1$。嘉伯展开系数 w_{rsmin} 可以完整刻画函数 $f(x,y)$,换言之 $f(x,y)$ 可由嘉伯系数精确重构。

用频率差充分大的嘉伯函数与原图像卷积,求出展开系数。若原图是带限的,则图像的主要频率成分可用有限多通道嘉伯滤波器完全表示,图像最高径向频率可决定滤波

器数目,因此有限嘉伯滤被器可完整重构图像。

5.4.2 多通道嘉伯滤波器选择原则

嘉伯滤波器位置可由方向 θ 和径向中心频率 F 两种参数决定。方向 θ 可以取 4 到 6 个方向,更细的分布会导致滤波器数大大增加。一幅图像若长宽为 N_c 像素,其中 N_c 是 2 的幂,则径向中心频率 F 可取值$\sqrt{2}, 2\sqrt{2}, 4\sqrt{2}, \cdots, N_c\sqrt{2}$。其间隔为一个倍频程,即频率带宽 $B=1$。这样的选择可使滤波器最高径向中心频率$\frac{N_c}{\sqrt{2}}$的通带属于图像阵列。

5.4.3 多通道嘉伯滤波器设计

设 k 表示方向参数,s 表示尺度参数,由下述公式计算 σ_v:

$$\sigma_v = \tan\frac{\pi}{2k}\left[U_h - 2\ln\left(\frac{\sigma_u^{\ 2}}{U_h}\right)\right]\left[2\ln 2 - \frac{(2\ln 2)^2\sigma_u^{\ 2}}{U_h^{\ 2}}\right] - \frac{1}{2} \tag{5-14}$$

灰度图像目标可选取尺度参数 $s=5$,方向参数 $k=8$,产生 40 个嘉伯小波滤波器组,分成实部和虚部,每个核函数都显示了较强的空间频率特性、定位特性和方向性。

图像的方向性是纹理刻画的一个主要特征。可选定 0,45,90,135 度四个方向的嘉伯滤波器对局部纹理子图滤波,每个滤波子图提取 6 个纹理特征,分别是均值、方差、惯量、能量、熵、和箕舌线系数局部统一性,定义如下:

$$\mu = \frac{1}{m\times n}\sum_{i=1}^{m}\sum_{j=1}^{n}G(i,j), \sigma_A = \sqrt{\frac{1}{m\times n}\sum_{i=1}^{m}\sum_{j=1}^{n}(G(i,j)-\mu)}$$

$$\begin{aligned} I &= \sum_{i=1}^{m}\sum_{j=1}^{n}(i-j)^2 G(i,j), \\ Eg &= \sum_{i=1}^{m}\sum_{j=1}^{n}G^2(i,j), \\ Et &= -\sum_{i=1}^{m}\sum_{j=1}^{n}G(i,j)\ln G(i,j) \\ H &= \sum_{i=1}^{m}\sum_{j=1}^{n}\frac{1}{1+(i-j)^2}G(i,j) \end{aligned} \tag{5-15}$$

用多尺度方法再次进行特征提取,缩小候选区域。对于每个候选区域得到 48 个特征,对应一个 48 维的特征向量。上述过程如表 5-1 所示。

表 5-1　目标图像特征提取流程

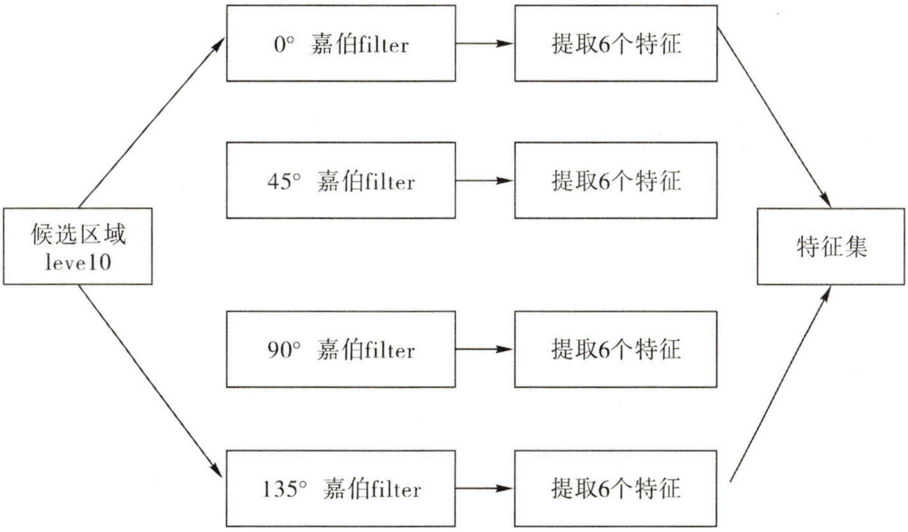

5.5　本章小结

本章研究嘉伯小波的图像目标识别方法，给出了二维嘉伯滤波器基函数的一般形式和图形，讨论了滤波器选取原则、设计方法和特征提取步骤，并用基于纹理分析的嘉伯方法对遥感图像目标区域进行特征提取和边缘刻画。

第6章 轮波变换与影像融合

6.1 二维离散小波变换

遥感影像融合可分为像素级、特征级和决策级三个层次，理论较为成熟的是像素级融合方法，而基于小波多尺度分析的像素级遥感影像融合方法是研究热点。

轮波(Contourlet)变换[111]也属于一类新型广义小波，具有多分辨、局部化和方向性特征，可使影像融合效果更加细腻。

二维小波变换有可分离与不可分离两种，实际应用中主要以可分离小波为主。

定理6.1 设$\{V_j^2\}_{j\in Z}$是$\mathbf{L}^2(\mathbf{R}^2)$中的一个正交多尺度分析(MRA)，尺度函数$\varphi(x,y)=\varphi(x)\varphi(y)$，$\psi(x)$是与尺度对应的一维小波，可定义3个二维小波：

$$\psi^1(x,y)=\varphi(x)\psi(y),\psi^2(x,y)=\psi(x)\varphi(y),\psi^3(x,y)=\psi(x)\psi(y)\tag{6-1}$$

则$\{\psi_{j.m.n}^1(x),\psi_{j.m.n}^2(x),\psi_{j.m.n}^3(x)\}$，即

$$\{2^j\psi^1(2^jx-m,2^jx-n),2^j\psi^2(2^jx-m,2^jx-n),2^j\psi^3(2^jx-m,2^jx-n)\}\tag{6-2}$$

构成$\mathbf{L}^2(\mathbf{R}^2)$的标准正交基。设$f(x,y)$是影像信号，其二维信号小波逼近表示为

$$f(x,y)=A_jf=A_{j-1}f+D_{j-1}^1f+D_{j-1}^2f+D_{j-1}^3f\tag{6-3}$$

式中

$$A_{j-1}f=\sum_{m=-\infty}^{+\infty}\sum_{n=-\infty}^{+\infty}a_{j-1}(m,n)\varphi_{j-1}(m,n),$$

$$D_{j-1}^if=\sum_{m=-\infty}^{+\infty}\sum_{n=-\infty}^{+\infty}d_{j-1}^i(m,n)\varphi_{j-1}(m,n)\tag{6-4}$$

而

$$\begin{aligned}a_{j-1}(m,n)&=\sum_{l\in Z}\sum_{k\in Z}h_{l-2m}h_{k-2n}a_j(l,k)\\d_{j-1}^1(m,n)&=\sum_{l\in Z}\sum_{k\in Z}h_{l-2m}g_{k-2n}a_j(l,k)\\d_{j-1}^2(m,n)&=\sum_{l\in Z}\sum_{k\in Z}g_{l-2m}h_{k-2n}a_j(l,k)\end{aligned}\tag{6-5}$$

$$d_{j-1}^{3}(m,n) = \sum_{l\in Z}\sum_{k\in Z} g_{l-2m}g_{k-2n}a_j(l,k)$$

对第 j 级有

$$\begin{aligned} a_j(m,n) &= \langle f(x,y), 2^j\varphi(2^jx-m)\varphi(2^jx-n)\rangle \\ d_j^1(m,n) &= \langle f(x,y), 2^j\varphi(2^jx-m)\psi(2^jx-n)\rangle \\ d_j^2(m,n) &= \langle f(x,y), 2^j\psi(2^jx-m)\varphi(2^jx-n)\rangle \\ d_j^3(m,n) &= \langle f(x,y), 2^j\psi(2^jx-m)\psi(2^jx-n)\rangle \end{aligned} \tag{6-6}$$

上式 $a_j(m,n)$,$d_j^1(m,n)$,$d_j^2(m,n)$,$d_j^3(m,n)$ 分别表示影像在第 j 层尺度的低频分量、水平、垂直及对角高频子图。影像的轮廓或卡通信息包含在低频子图中,边缘信息则包含在高频子图中。由于内积计算的复杂性,实用中常以数字影像灰度值代替小波系数。二维信号离散小波变换分解、合成示意图见图 6-1、图 6-2。

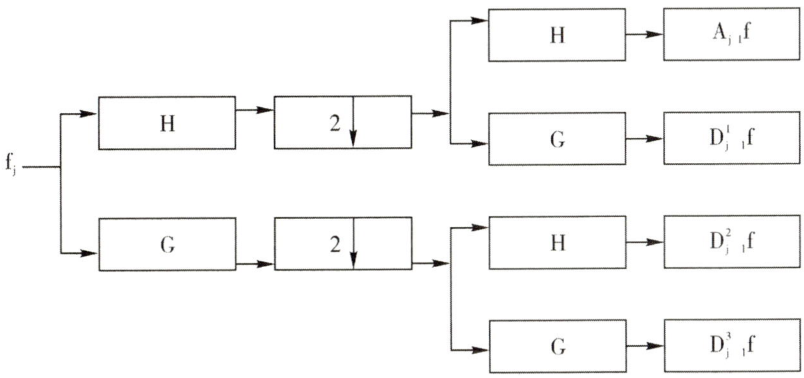

图 6-1　二维 DWT 分解

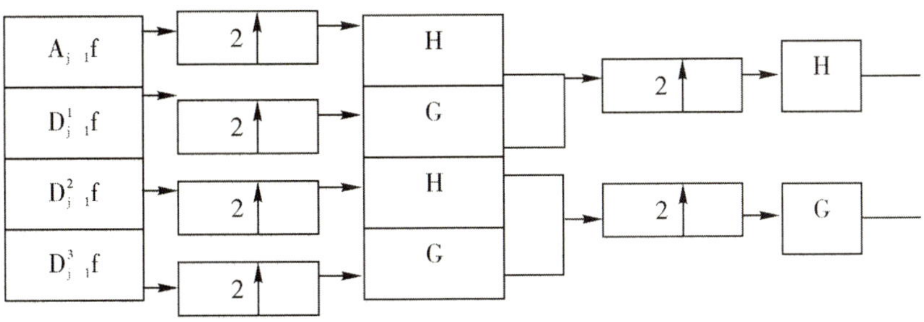

图 6-2　二维 DWT 重构

设数据长 M,延拓长 n,$0<n<M$,为进行卷积运算,先对数据的始终点作周期延拓和对称延拓[112]:

(1)周期延拓:

$$x_n = \begin{cases} x_{n+M}, & n < 0; \\ x_{n-M}, & n > M-1. \end{cases} \tag{6-7}$$

(2)对称延拓:对于对称小波系数,分解时延拓方法是:

①滤波器长度为奇数,对称轴为0时,有

$$x_n = \begin{cases} x_{-n}, & n < 0; \\ x_{2M-n-2}, & n > M+1. \end{cases} \tag{6-8}$$

②滤波器长度为偶数,对称轴为1/2时,有

$$x_n = \begin{cases} x_{-n-1}, & n < 0; \\ x_{2M-n-1}, & n > M-1. \end{cases} \tag{6-9}$$

重构时延拓方法是:

①滤波器长度为奇数,对称轴为0时,低频与高频延拓公式为

$$x_n = \begin{cases} x_{-n}, & n < 0; \\ x_{M-n-1}, & n > \dfrac{M}{2}-1. \end{cases}$$

$$x_n = \begin{cases} x_{-n-1}, & n < 0; \\ x_{M-n-2}, & n > \dfrac{M}{2}-1. \end{cases} \tag{6-10}$$

②滤波器长度为偶数,对称轴为1/2时,低频与高频延拓公式为:

$$\begin{cases} x_{-n} = x_{n-1}, & n > 0 \\ x_{\frac{M}{2}-1+n} = x_{\frac{M}{2}-n}, & n > 0 \end{cases}, \begin{cases} x_{-n} = -x_{n-1}, & n > 0 \\ x_{\frac{M}{2}-1+n} = -x_{\frac{M}{2}-n}, & n > 0 \end{cases} \tag{6-11}$$

6.2 轮波变换

6.2.1 轮波变换多尺度分析

Minh N. Do 等认为,最优影像表示方法应具有如下特征[113]:

(1)多尺度:可依从低到高的分辨率对影像进行连续逼近。

(2)时频局部性:子影像可限制在局部时频域表达。

(3)方向性:包含能反映各个方向(不止于水平、垂直、对角三个方向)属性的信息。

(4)各向异性:可在不同方向自如伸缩。

(5)临界采样:可在数据临界突变点采样。

2003 年,Do 提出轮波变换多尺度分析方法。轮波也叫超小波,是一种真正的图像稀

疏表达方法，它相对小波逼近的优越性见图 6 - 3[113]，对于某条曲线，经典小波逼近须用 22 个系数，轮波变换只需 4 个，且有水平、垂直及对角线方向之外的多方向表达。

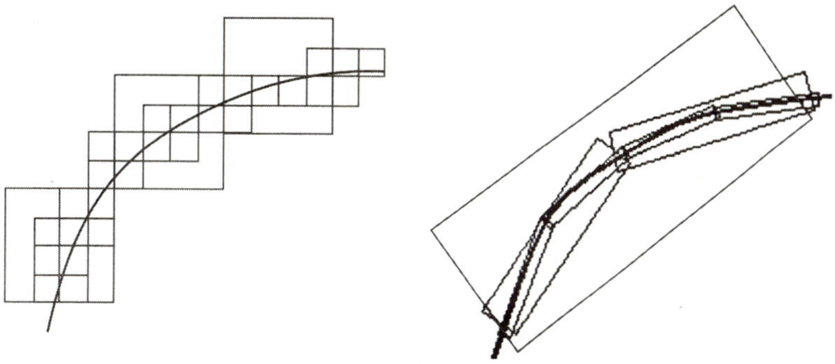

图 6 - 3　小波与轮波逼近曲线对比示意图

轮波变换可分为两个程序独立同步进行：(1)用拉普拉斯滤波器(Laplacian Pyramid Filters，LPF)对源影像进行多尺度分解，在低通子图上继续进行下一级拉普拉斯分解，捕获影像中的奇异点。(2)用方向滤波器(Direction Filter Bank，DFB)对各级分解获得的带通分量作方向分解，连接所有同向奇异点，用奇异点轨线逼近影像中的纹理曲线。方向滤波器可以看作把高频影像子图在频域分解为 $2J$ 个楔形域(图 6 - 4)。

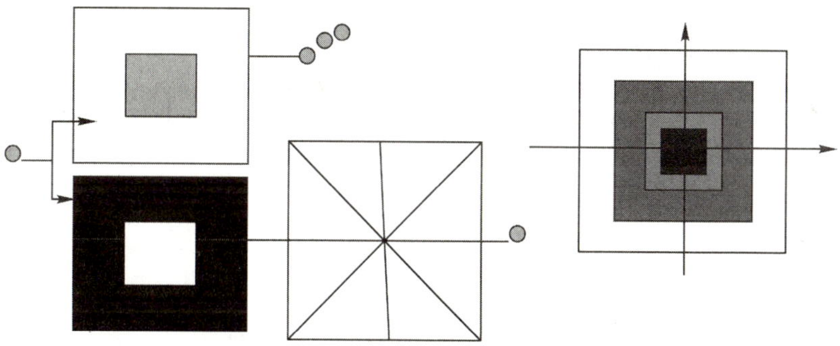

图 6 - 4　影像的轮波分解示意图

6.2.2　框架金字塔

Do 在框架理论范畴下研究拉普拉斯金字塔，对影像的高频子图不予采样，而保留影像的空间细节特征。Do 证明，用正交滤波器组实现的拉普拉斯金字塔是一个紧框架，框架界为 1[113]。设 M 是采样矩阵，H 和 G 分别是低通和合成滤波器。框架拉普拉斯金字塔合成与分解算法示意图如图 6 - 5 所示。

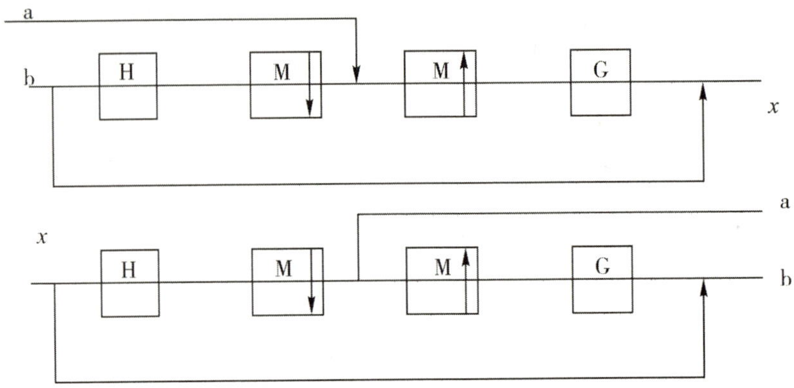

图 6 – 5　框架金字塔合成与分解示意图

6.2.3　方向滤波器组

轮波变换的关键是设计方向滤波器组。1992 年 Bamberger[117] 设计了最早的二维方向滤波器组，Do 改进了 Bamberger 滤波器组。设计方向滤波器组的关键是保持样本数目相同，而把二维图像信号频率划分到指定精度。一种方法是五株梅花采样法，即对信号沿相邻的行和列交替采样，表达为 4 个单位模矩阵：

$$R_0 = \begin{bmatrix} 1 & 1 \\ 0 & 1 \end{bmatrix}, R_1 = \begin{bmatrix} 1 & -1 \\ 0 & 1 \end{bmatrix}, R_2 = \begin{bmatrix} 1 & 0 \\ 1 & 1 \end{bmatrix}, R_3 = \begin{bmatrix} 1 & 0 \\ -1 & 1 \end{bmatrix} \tag{6-12}$$

进行坐标变换，二维矩阵可表示为：

$$\begin{bmatrix} (0,0) & (0,1) & \cdots & (0,n) \\ (1,0) & (1,1) & \cdots & (1,n) \\ \vdots & \vdots & \ddots & \vdots \\ (m,0) & (m,1) & \cdots & (m,n) \end{bmatrix} \tag{6-13}$$

以 2 × 2 矩阵为例，与 R_0 相乘进行变换有：

$$R_0 A = \begin{bmatrix} 1 & 1 \\ 0 & 1 \end{bmatrix} R_1 = \begin{bmatrix} (0,0) & (0,1) \\ (1,0) & (1,1) \end{bmatrix} = \begin{bmatrix} (0,0) & (0,1) \\ (1,0) & (2,1) \end{bmatrix} \tag{6-14}$$

五株梅花采样过程如图 6 – 6[118] 所示，图中变换前的点表示为实线交点，变换后的点表示为虚线交点，可见，与 R_0 相乘后，二维矩阵投影到与 x 轴正向成 45°夹角方向。同理，与 R_1 相乘，投影到与 x 轴负向成 45°夹角方向。与 R_2 相乘，投影到与 y 轴正向成 45°夹角方向。与 R_3 相乘，投影到与 y 轴负向成 45°角方向。如果连续用 R_0 变换，投影会不断逼近 x 轴，称为矩阵的推挤变换。各矩阵存在如下关系：

$$Q_0 = R_1 D_0 R_2 = R_2 D_1 R_1, Q_1 = R_0 D_0 R_3 = R_3 D_1 R_0 \tag{6-15}$$

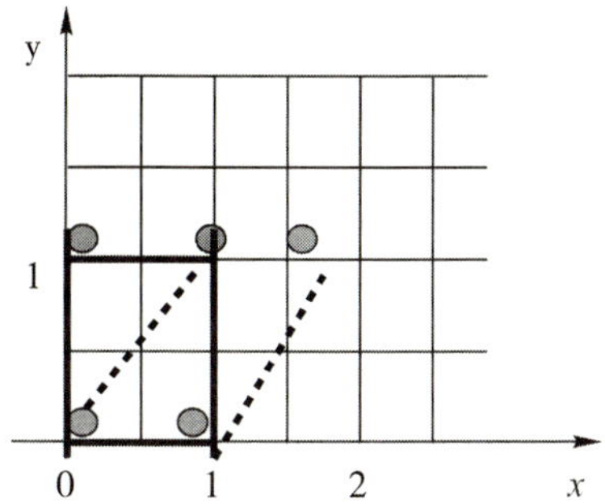

图6-6　矩阵推挤变换示意图

式中

$$D_0=\begin{bmatrix}2&0\\0&1\end{bmatrix},D_1=\begin{bmatrix}1&0\\0&2\end{bmatrix},Q_0=R_1D_0R_2=\begin{bmatrix}1&-1\\1&1\end{bmatrix}\tag{6-16}$$

设坐标向量为 $I=(x,y)$，则

$$Q_0I=\begin{bmatrix}1&-1\\1&1\end{bmatrix}(x,y)^T=\begin{bmatrix}x-y\\x+y\end{bmatrix}\tag{6-17}$$

以 2×2 矩阵为例，与 Q_0 相乘进行变换有

$$Q_0A=\begin{bmatrix}1&-1\\1&1\end{bmatrix}\begin{bmatrix}(0,0)&(0,1)\\(1,0)&(1,1)\end{bmatrix}=\begin{bmatrix}(0,0)&(-1,1)\\(1,1)&(0,2)\end{bmatrix}\tag{6-18}$$

如图6-7[118]所示，变换前的点为实线交点，变换后的点为虚线交点。实线逆时针旋转45°并伸长$\sqrt{2}$倍得到虚线。应用 Q_1 变换，原有二维矩阵将顺时针旋转 45°，边长伸长$\sqrt{2}$倍。

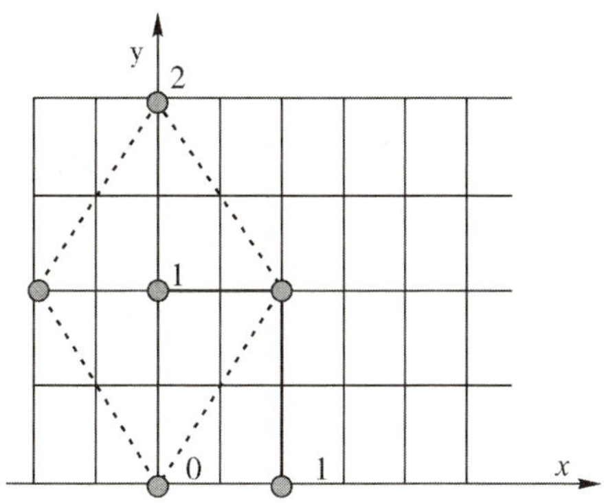

图6-7　矩阵旋转变换

五株梅花采样滤波器组如图6-8所示。

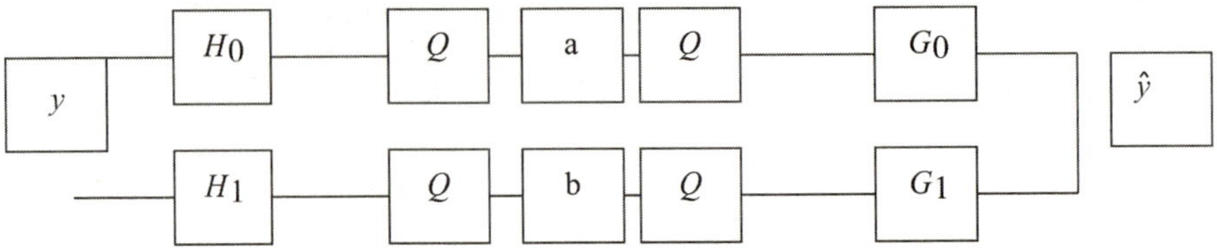

图 6－8　五株滤波器组

Do 提出的方向滤波器构造方法是扇形五株采样滤波器，用标准扇形滤波器获得水平与垂直子图，用象限滤波器获得图 6－9 所示的楔形子图。

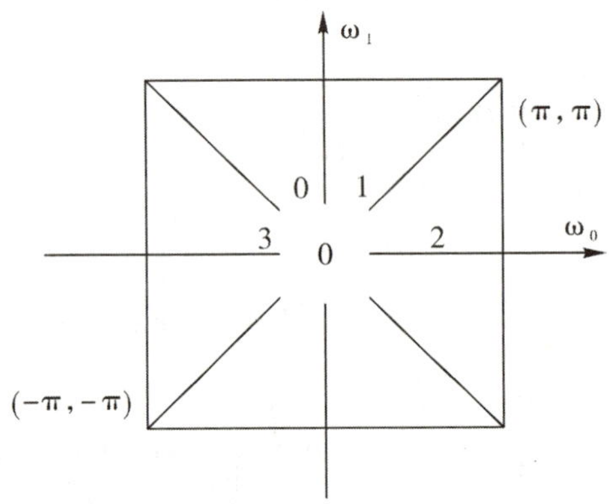

图 6－9　影像方向分解示意图

6.2.4　轮波变换的改进

轮波变换过程中的非平移不变性是由下采样过程导致。Arthur. L[119]改进了轮波变换，提出非下采样轮波变换，类似多孔小波算法，保持了平移不变性。但由于没有做下采样，引起计算量剧增，这种大数据影像处理将依赖于更加高效的算法或超级计算机。

6.3　多尺度轮波变换方法遥感影像融合

6.3.1　影像融合中常用的经典小波分解

经典小波变换多尺度方法拥有众多小波基，可选性广，常用的影像融合小波基包括正交小波、双正交小波及非正交小波等，例如：

(1)哈尔小波：兼具正交性与对称性，滤波器只含两个系数，但小波在频域的衰减速度仅为$\frac{1}{\omega}$，不满足小波基的光滑性要求，频域的局部化特征也不显著，融合实践中极少使用。

(2)道波茜小波:道波茜小波的正交性使得分解系数无相关性和冗余性,非对称性则使处理后的信号存在相位扭曲。

(3)双正交小波:双正交小波具有对称性,影像边缘不发生相位扭曲。

(4)多孔(atrous)小波:一种非正交小波,只能采用非下采样运算,相对简单,具有冗余性和平移不变性,分解所得子图与原图像素空间相同。对影像 I,多孔分解小波滤波器 h_1 表达为对称矩阵

$$h_1 = \begin{bmatrix} 1 & 4 & 6 & 4 & 1 \\ 4 & 16 & 24 & 16 & 4 \\ 6 & 24 & 36 & 24 & 6 \\ 4 & 16 & 24 & 16 & 4 \\ 1 & 4 & 6 & 4 & 1 \end{bmatrix} \tag{6-19}$$

小波近似初始系数 $c_0 = I$,待分解层数为 n。

$$c_i = c_{i-1} \otimes h_i, h_i = \text{Expand}(h_{i-1}), \omega_i = c_{i-1} - c_i \tag{6-20}$$

式中,$h_i = \text{Expand}(h_{i-1})$ 表示对滤波器 h_i 上采样,$\omega_i = c_{i-1} - c_i$ 代表第 i 层的小波细节系数。

多孔小波以上采样代替下采样,影像序列呈现立方体型。李晖晖等[120]估算了多孔小波变换算法的复杂度。马拉算法与多孔小波算法的计算量分别为:

$$c_{mallat} = \sum_{k=1}^{n} \frac{4LM}{4^{k-1}}, c_{atrous} = \sum_{k=1}^{n} (2^{k+1} + 1)^2 M \tag{6-21}$$

其中,L 为滤波器长度,M 为影像大小,k 为分解层数。经典小波分解后会在水平、垂直和对角 3 个方向多出大小为 M 的高频影像,经 k 次分解后大小为$(3k+1)M$,多孔小波变换后只多出一个大小为 M 的高频影像,经 k 次分解后大小为$(k+l)M$。

6.3.2　多光谱与全色影像小波域融合规则

多光谱影像(Multi - Spectral Image, MSI)与全色影像(Pan - Color Image, PCI)融合,可获得高分辨率多光谱影像,这要求很好地保持光谱特征,常用的空间细节注入小波模型包括:

1. 加法模型:对正交小波和双正交小波,把全色影像与多光谱影像的高频子图取某种加权均值,如算术均值或调和均值。对多孔小波,把全色影像作小波分解并将高频子图融入多光谱影像[122]。

2. 均值与方差调制模型[123]:根据均值与方差调制高频系数,方程如下:

$$C_{融合} = aC_{全色} + b, a = \frac{\sigma_{多光谱}}{\sigma_{全色}}, b = \mu(多光谱) - \mu(全色) \quad (6-22)$$

其中,μ 为均值,σ 为均方差。

3. 局域统计模型:根据局域内统计参数选择小波系数,Wald[123]据此提出 ARSIS 概念下的融合模型

可见光影像与红外或与合成孔径雷达(Synthetic Aperture Radar ,SAR)影像融合,目的在于信息互补,增强融合影像的解译能力,相对而言,对光谱保持性要求较低。

小波域融合规则主要有:

(1)像素规则:选取最大能量像素,对应于最大小波分解系数。可表示为:

$$C_{wf}(x,y) = \begin{cases} C_A(x,y), & 若 |C_A(x,y)| \geqslant |C_B(x,y)|; \\ C_B(x,y), & 其他. \end{cases} \quad (6-23)$$

式中,$C_{wf}(x,y)$为合成后的小波系数,$C_A(x,y)$,$C_B(x,y)$为原始影像 A,B 分解后的小波系数。

(2)窗口规则:采用 *Burt* 等[124]提出的加权平均规则,从一个窗口考虑小波系数的梯度、方差、能量及能量对比度等,并根据测度匹配情况决定合成小波系数。

例如,对待融合影像 A,B,计算第 k 层分解以(m,n)为中心点的窗口小波能量:

$$E_A{}^k(m,n) = \sum_{u,v \in U} w(u,v) - 1c_A(m+u,n+v)^2 \quad (6-24)$$

$$E_B{}^k(m,n) = \sum_{u,v \in U} w(u,v) - 1c_B(m+u,n+v)^2 \quad (6-25)$$

两幅影像窗口的归一化局部相关系数为:

$$\rho_{AB}{}^k(m,n) = \frac{2\sum\limits_{u,v \in U} |w(u,v) - 1c_A(m+u,n+v)c_B(m+u,n+v)|}{E_A{}^k(m,n) + E_B{}^k(m,n)} \quad (6-26)$$

把由上式算得的相关系数 $\rho_{AB}{}^k(m,n)$与阈值 T 比较,当 $\rho_{AB}{}^k(m,n) \leqslant T$ 时,说明待融合影像间的相关性较小,应选取小波系数能量更大的影像,以增强融合影像特征。令

$$C_{wf}(m,n) = \begin{cases} c_A(m,n), & E_A{}^k(m,n) \geqslant E_B{}^k(m,n); \\ c_B(m,n), & 其他. \end{cases} \quad (6-27)$$

当 $\rho_{AB}{}^k(m,n) > T$ 时,说明待融合影像间的相关性大,可采用加权平均的融合策略:

$$C_f(m,n) = w(m,n)c_A(m,n) + (1 - w(m,n))c_B(m,n) \quad (6-28)$$

式中

$$w_{wf}(m,n) = \begin{cases} \dfrac{1}{2} + \dfrac{1 - \rho_{AB}{}^k(m,n)}{2(1-T)}, & c_A(m,n) \geqslant c_B(m,n); \\ \dfrac{1}{2} - \dfrac{1 - \rho_{AB}{}^k(m,n)}{2(1-T)}, & 其他. \end{cases} \quad (6-29)$$

阈值 T 取值通常在0.5～1之间。

(3)区域规则：对不同分割区域采用合适的融合规则。方法有宏观特征级融合特点。叶传奇等[125]提出区域清晰比与区域能量比的融合策略。

区域能量比为：

$$R_{RE} = \frac{E_A{}^k(R_A{}^i)/E_A}{E_B{}^k(R_B{}^i)/E_B} \tag{6-30}$$

其中

$$E(R_i^j) = \frac{1}{N}\sum_{ix,y\in i}[f^j(x,y)]^2,$$

$$E_j = \frac{1}{n\times m}\sum_{x=0}^{n-1}\sum_{y=0}^{m-1}[f^j(x,y)]^2 \tag{6-31}$$

$E(R_i^j)$ 为局域 i 的平均能量，E_j 为影像 j 的平均能量。

$$R_{RS} = \frac{\sigma(R_i{}^A)/\bar{R}_i{}^A}{\sigma(R_i{}^B)/\bar{R}_i{}^B} \tag{6-32}$$

为区域清晰比。式中：

$$\bar{R}_i^j = \frac{1}{N}\sum_{ix,y\in i}f^j(x,y),\ \sigma(R_i^j) = \sqrt{\frac{1}{N}\sum_{ix,y\in i}[f^j(x,y) - \bar{R}_i^j]^2} \tag{6-33}$$

融合策略是对红外与可见光影像先做小波分解，用阈值策略融合低频子图，高频子图则根据分割区域的特点用合适的规则进一步融合。设定区域能量比的阈值 T_1、T_2，对分割的区域 i 成立：

$$c_f(i) = \begin{cases} c_A(i), & R_{RE}\geqslant T_1,\text{或}\quad T_2\leqslant R_{RE}\leqslant T_1, R_{RS}\geqslant 1;\\ c_B(i), & \text{其他}. \end{cases} \tag{6-34}$$

通常可取阈值 T_1 在3～5之间，$T_2 = 1/T_1$。

6.3.3　最小二乘估计与多光谱与全色影像小波变换融合方法

小波分解影像后，小波低频系数反映了地物的光谱特性，高频系数则包含了空间信息，把全色影像空间信息有效融入多光谱影像，关键在于选择高频系数融合方式。目前的融合规则主要是简单相加和直接替换。

Bruno 等[126]融合 TM 多光谱影像与 SPOT 全色影像时，低频用多光谱影像分解系数，高频用全色影像系数。Gonzalez 等[127]用亮度—色调—饱和度变换(Intensity - Hue - Saturation, IHS)和 PCA 变换。Jorge 等[128]采用小波高频叠加方法。Zhang 等[129]对高频替换，对低频用调节因子加权处理。

最小二乘估计方法实施如下：设待估计量是 n 维向量，多次线性观测获得：

$$Y_i = C_i X + V_i \tag{6-35}$$

式中，Y_i 为 m 维向量，C_i 为 $m \times n$ 矩阵，V_i 是零均值向量：

$$Y = \begin{pmatrix} Y_1 \\ Y_2 \\ \vdots \\ Y_k \end{pmatrix}, C = \begin{pmatrix} C_1 \\ C_2 \\ \vdots \\ C_k \end{pmatrix}, V = \begin{pmatrix} V_1 \\ V_2 \\ \vdots \\ V_k \end{pmatrix} \tag{6-36}$$

根据 Y 来估计 X，使得下式

$$J(\widehat{X}) = (Y - C\widehat{X})^T W (Y - C\widehat{X}) \tag{6-37}$$

达到最小，所得的 $\widehat{X}$ 就是 X 的加权最小二乘估计，结果为[130]

$$\begin{cases} \widehat{X}_{LSR^{-1}}(i) = (C^T R^{-1} C) - 1^{C-1} R^{-1} Y; \\ R = Var[V]. \end{cases} \tag{6-38}$$

其中 $Var[V]$ 为观测误差 V 的方差阵。

把一幅全色影像与三幅多光谱影像进行融合，空间分辨率之比为 1∶4，小波分解后，误差比为1∶4，方差比为 1∶16，由最小二乘估计，有：

$$Y = CX + V, Y = \begin{pmatrix} Y_1 \\ Y_2 \\ Y_3 \\ Y_4 \end{pmatrix}, C = \begin{pmatrix} 1 \\ 1 \\ 1 \\ 1 \end{pmatrix} \tag{6-39}$$

$$R = \begin{bmatrix} r^2 & 0 & 0 & 0 \\ 0 & 16r^2 & 0 & 0 \\ 0 & 0 & 16r^2 & 0 \\ 0 & 0 & 0 & 16r^2 \end{bmatrix}, W = R^{-1} = \begin{bmatrix} \frac{1}{r^2} & 0 & 0 & 0 \\ 0 & \frac{1}{16r^2} & 0 & 0 \\ 0 & 0 & \frac{1}{16r^2} & 0 \\ 0 & 0 & 0 & \frac{1}{16r^2} \end{bmatrix} \tag{6-40}$$

最小二乘估计为

$$\widehat{X}_{LSW} = (C^T W C) - 1 C^T W C = \frac{16}{19} Y_1 + \frac{1}{19} Y_2 + \frac{1}{19} Y_3 + \frac{1}{19} Y_4 \tag{6-41}$$

当全色与多光谱影像空间分辨率之比为 1∶3时，最小二乘估计为：

$$\widehat{X}_{LSW} = \frac{3}{4} Y_1 + \frac{1}{12} Y_2 + \frac{1}{12} Y_3 + \frac{1}{12} Y_4 \tag{6-42}$$

更一般地，最小二乘估计应具有凸线性组合形式：

$$\widehat{X}_{LSW} = c_1Y_1 + c_2Y_2 + c_3Y_3 + c_4Y_4 \quad (6-43)$$

其中

$$c_1 + c_2 + c_3 + c_4 = 1 \text{ 且 } 0 < c_1, c_2, c_3, c_4 < 1 \quad (6-44)$$

6.3.4　小波基的选择、分解层次及算法

文[131,132]对分解与重构算法、经典小波基类型和分解层数对影像融合效果的影响做了研究，认为道波茜小波族(dbN)和双正交小波族(Bior)小波效果较好，可取 db 4 或 Bior 8。多光谱影像的小波分解层数与原始融合影像的分辨率比存在关联，如下表 6－1 所示。

表 6－1　影像融合经典小波分解层数选择

空间分辨率比	城市特征	土地分类
2	4	2
3	4	2
4	5	3
5	5	3

多孔算法通过给滤波器添加零值，消除了融合影像中的振铃效应(Ringing Effect)，效果优于马拉金字塔算法。但因运算过程中，滤波器尺寸不断增大，导致运算量剧增。

基于小波变换与最优估计的影像融合可采用 Bruno[126] 的方式，与 IHS 结合效果更佳[133,134]，如下实施：

(1)将多光谱影像与全色影像配准。

(2)对多光谱影像进行亮度—色调—饱和度变换(IHS 变换)。

(3)把全色影像与变换影像 I 匹配，保持色调一致。

(4)选择优质小波(如 $db4$)分解匹配后的全色影像与变换影像，得到小波系数。

(5)对各层小波系数进行逆变换，合成新的变换影像。

(6)作 IHS 反变换，完成融合。

6.4　常用 SAR 与小波多光谱影像融合方法比较分析

合成孔径雷达(SAR)影像与可见光影像的融合算法有主成分替换法(Principal Component Substitution，PCS)、IHS 变换法、离散小波变换法(DWT)等[135,136,137]。

DWT + IHS 变换对高分辨率全色影像与多光谱影像融合取得了优异表现[127,138]，

Chibani、Alparone 与 Gang Hong 等[135,136]均用 DWT +IHS 变换融合 SAR 影像与多光谱影像。

表 6－3 是融合影像的梯度值，几种方法相差不大，DWT＋IHS 方法梯度值居中。表 6－4 中，小波变换方法取得了最大值，说明其在多光谱影像信息集成方面占优。

表 6－3 融合影像平均梯度

方法	*R*	*G*	*B*	平均值
IHS 方法	42.275	37.681	41.556	40.264
小波变换方法	39.463	40.001	40.217	40.073
IHS＋DWT 方法	45.565	41.367	44.161	43.697

表 6－4 影像的相关系数

影像融合方法	相关系数	高频相关系数
IHS 方法	0.307	0.071
小波变换方法	40.001	40.217
IHS＋DWT 方法	41.367	44.161

通过目视比较与客观评价，DWT＋IHS 方法取得了对 SAR 影像纹理信息与多光谱影像光谱结构信息较好的融合效果。

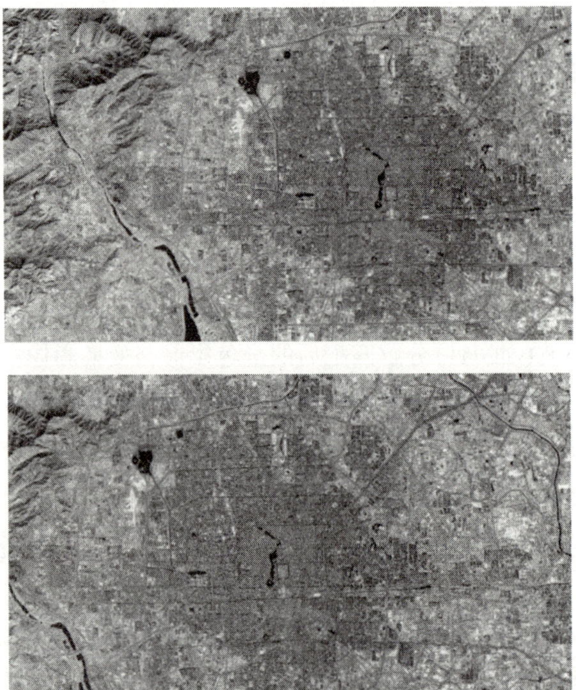

图 6－10 北京市城区地形图融合影像对比图

6.5　*SAR* 影像的多孔小波与轮波融合

6.5.1　*SAR* 影像的多孔小波融合

Chibani 等[152]对 SAR 影像做多孔小波分解，其关键信息如下：

$$I^{new}_{(}k,l) = I(k,l) + \sum_{j=1}^{n} \alpha_j(k,l) C_j^{SAR}(k,l) \tag{6-45}$$

$$g_j^{SAR}(k,l) = \frac{|C_j^{SAR}(k,l)|}{\max_{k,l}|C_j^{SAR}(k,l)|} \tag{6-46}$$

$$\alpha_j(k,l) = \begin{cases} 1, & g_j^{SAR}(k,l) \geqslant \tau_j; \\ 0, & \text{其他.} \end{cases} \tag{6-47}$$

其中，$I(k,l)$为 IHS 变换后的多光谱影像子图在(k,l)位置的值，$\alpha_j(k,l)$为第 j 层(k,l)位置的 SAR 影像信息调节系数，$C_j^{SAR}(k,l)$为第 j 层(k,l)位置的 SAR 影像小波系数，$\max_{k,l}|C_j^{SAR}(k,l)|$为 SAR 影像第 j 层小波系数最大绝对值，τ_j 为阈值。

若将式中(k,l)位置的小波系数模与全局最大模之比改为与区域最大模之比，则如下式：

$$I^{new}(k,l) = SAR(k,l) + \sum_{j=1}^{n} \alpha_j(k,l) C_j^{l}(k,l) \tag{6-48}$$

$$g_j^{l}(k,l) = \frac{|C_j^{l}(k,l)|}{\max_{k,l}|C_{region}^{\ l}(k,l)|} \tag{6-49}$$

$$\alpha_j(k,l) = \begin{cases} 1, \\ \text{其他.} \end{cases} \tag{6-50}$$

式中，SAR(k,l)为 SAR 影像(k,l)位置处的像素值，$I^{new}(k,l) = SAR(k,l) + \sum_{j=1}^{n}\alpha_j(k,l)C_j^{l}(k,l)$为多光谱影像信息调节系数，$\alpha_j(k,l)$为变换子图小波分解后第 j 层(k,l)位置的高频系数，$\max_{k,l}|C_{region}^{\ l}(k,l)|$为分量分解后第 j 层的小波面中以(k,l)为中心区域内的最大绝对值。

6.5.2　*SAR* 影像的轮波融合

由于将影像进行 IHS 变换会产生更好融合效果，且将多光谱高频信息加入 SAR 影像，可避免信息损失，将 SAR 影像与多光谱影像各波段配准后，进行轮波（Contourlet）分解和重构，完成融合。具体融合步骤如图 6－11 所示。

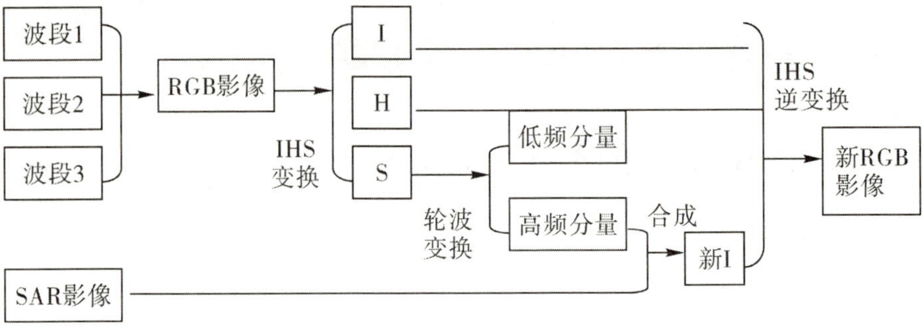

图 6－11　轮波变换影像融合流程图

6.6　本章小结

轮波具有良好的多分辨率、局部化及方向性特征，适用于合成孔径雷达 SAR 影像与多光谱影像的融合。本章探讨了轮波与 IHS 变换结合的融合，以及方向滤波器组的设计并通过改变阈值来控制对多光谱影像信息的集成幅度。

第7章 基于曲波的活动轮廓图像分割

7.1 图像分割与曲波变换

7.1.1 引言:蛇形活动轮廓理论

图像分割和追踪技术已经广泛应用于图像处理和计算机视觉领域。如:核磁共振(MR)、X 射线断层扫描(CT)、遥感等。实现分割和追踪的方法包括基于微分几何的蛇形活动轮廓(Snake 或 Active contour)和测地线活动轮廓(Geodesic Active Contour,GAC)。

Kass[140]提出拉格朗日框架下的参数活动轮廓。Xu 和 Prince[141]又用梯度向量流(Gradient Vector Flow,GVF)做了改进。

离散小波变换 DWT 沿着图像边缘会出现振荡畸变,降低曲线演化图像分割和追踪的效果,对水平集(Level Set)不能提供稀疏表示[142,143]。坎德斯构造了曲波变换[144,145]处理线奇异,实现了对目标边界轮廓的稀疏表达,在时频域各向异性且方向敏感。

图像分割和追踪领域中的一些成果如图 7-1 所示。

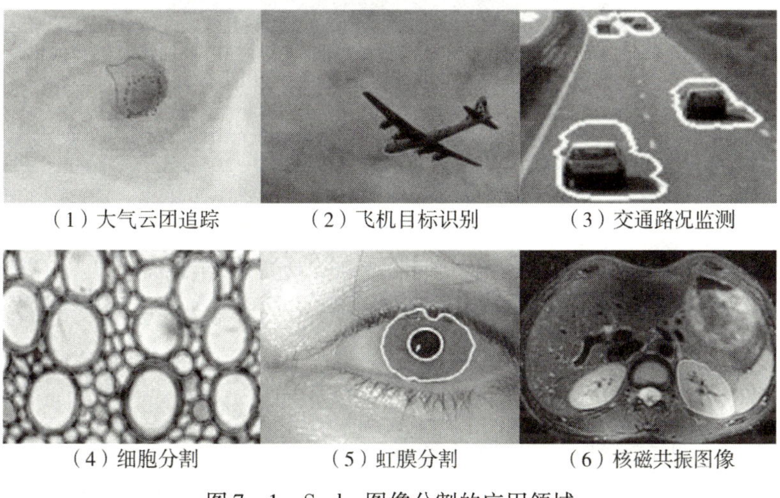

(1) 大气云团追踪　(2) 飞机目标识别　(3) 交通路况监测

(4) 细胞分割　(5) 虹膜分割　(6) 核磁共振图像

图 7-1　Snake 图像分割的应用领域

7.1.2 蛇形活动轮廓理论的发展

Kass 等提出了拉格朗日框架下的 Snake,它是一条虚拟轮廓的参数曲线,在给定能量规律引导下,逐步蛇行趋向于目标边界,同时达到能量最小化。但传统模型受到捕捉范围和边界凹域收敛性的约束。GVF 活动轮廓通过一个慢变耗散力场增加捕捉范围,使得向量指向边界凹域,但 GVF 不能处理曲线演化时的拓扑变形问题。Caselles[148] 和 Malladi[149] 提出欧拉(Euler)框架下的几何 Snake 理论,捕捉范围增加,轮廓线表达为二维距离函数的水平集,可处理拓扑变形问题,进行多目标分割和追踪。方法的缺点是几何 Snake 往往会穿越弱边界,爬行到邻近区域,导致识别出错。

基于小波多尺度变换的曲线演化方法在图像分割和视频追踪中已大有进展[150~152],其显著优点是可刻画线奇异、可抑制噪声、局部极值点可持续演化。Keserci 和 Yoshida[154] 提出边界引导的(Edge - Guided)小波活动轮廓。Wu 等[153] 提出活动轮廓的方向性图像力(DIF)。坎德斯等[144,145] 发现了脊波(Ridgelet)变换,特点是多方向性,可实现图像奇异目标稀疏表达。曲波变换[155,156,157] 直接通过频域分割定义,使用针状基元,拥有高度方向敏感性和高效边界捕捉能力,可以更精确表达曲线奇异性(图 7 - 2),比脊波效率更高。

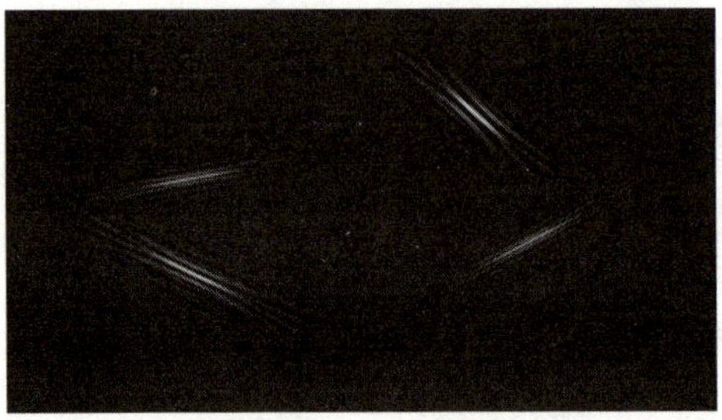

图 7 - 2 曲波在不同尺度和方向的针状基元

7.1.3 曲波和其他小波的比较

曲波之外的方向性函数系统有:Steerable Wavelet(可转向小波)[158,159],Gabor Wavelet(嘉伯小波)[160],Wedgelet(楔形小波)[161],Beamlet(梁小波)[162],Bandlet(带小波)[163,164],Contourlet(轮波)[165],Shearlet(剪波)[166,167],波元法(Wave Atom)[168],Platelet(碟子小波)[169],Surfacelet(曲面小波)[170] 等,统称为 X - lets[171]。

早期的方向小波有可转向金字塔小波和嘉伯小波。可转向金字塔小波基于方向导数算子(高斯函数的二阶导数)构造,嘉伯小波由嘉伯核函数产生,它是椭圆高斯函数和复平面波的内积。可转向金字塔小波可提供图像位置和方向平移旋转不变的表达。嘉伯小波主要用于纹理图像分析。剪波(Shearlet)是剪波函数形成的放射型系统,具有伸缩、平移和旋转三个参数,与曲波有相同的衰减率。带波(Bandlet)适合二阶可微奇异纹理图像处理,但计算量较大。

轮波变换用离散的方向滤波器组处理分段光滑图像,可视为特殊形式的曲波变换,区别在于轮波直接定义在矩形网格上,便于用五株梅花采样法等作数字计算,但方向性不如曲波清晰,沿着针状基元有更多振荡,在去噪和压缩中局部性不佳。曲面波(Surfacelet)是轮波在三维的扩展形式,可有效捕捉和表达多面体数据的曲面奇异性。

综上所述,曲波计算速度快、效果好、应用广泛,适合研究蛇形活动轮廓。

7.1.4　曲波解决的问题

图像分割和追踪遇到的主要问题包括:①图像边缘模糊,梯度值小;②图像受到噪声污染;③各帧图像间存在位移和变形。曲波在处理边界曲线奇异性上具有更高效率,适于基于边界的 Snake 图像分割。

曲波的阈值包含丰富的图像梯度信息,在抑制噪声和最优边界表达上独具优势,可作为与 Snake 的边界地图 Edge Map 相结合的切入点。在每一尺度重建图像,且各尺度的边界地图尺寸与本尺度尺寸相同,可以克服轮廓线收缩到极值和穿越弱边界的现象。

7.2　基于曲波的测地线活动轮廓

7.2.1　水平集概念

水平集(Level Set)方法由 Osher 和 Sethian[172]首创,它可自如解决演化轮廓的拓扑突变问题。

设曲面上每个水平集函数的零点,即满足 $\varphi(p)=0$ 的点 p 的速度场为 $\vec{v}=(u,v,w)$,曲面上点依此速度运动,即对波前(Front)点解常微分方程$\frac{\mathrm{d}p}{\mathrm{d}t}=\vec{v}(p)$,这是界面演化方程的拉格朗日形式。用对流方程 $\varphi_t+\vec{v}\,\nabla\varphi=0$ 定义隐式函数 φ 的演化,其中 $\vec{v}\,\nabla\varphi=u\varphi_x+v\varphi_y+w\varphi_z$,这是界面演化的欧拉公式。

在网格点上定义了 φ 和 $\vec{v}$ 后,用迎风差分格式计算偏微分方程模型。在时间点 t^n 上,令 $\varphi^n=\varphi(t^n)$;在 $t^{n+1}=t^n+\Delta t$ 时,令 $\varphi^{n+1}=\varphi(t^{n+1})$。一阶向前欧拉公式为

$$\frac{\varphi^{n+1}-\varphi^{n}}{\Delta t}+\vec{v}^{n}\nabla\varphi^{n}=0 \tag{7-1}$$

离散化格式为

$$\frac{\varphi^{n+1}-\varphi^{n}}{\Delta t}+u^{n}\varphi_{x}^{\ n}+u^{n}\varphi_{y}^{\ n}+u^{n}\varphi_{z}^{\ n}=0 \tag{7-2}$$

基于水平集的测地线活动轮廓原理为：定义参数曲线 $C(x(s),y(s))$，$[0,1]\rightarrow R^2$，设演化速度 $\vec{v}(x,y)$ 垂直于单位法向量 $\vec{N}$，曲率 K 的标量函数 $V(K)$ 满足 $\frac{\partial C}{\partial t}+V(K)\vec{N}=0$，则曲线边界可表示为隐式水平集函数 $\{R^2\times[0,T]\rightarrow R:\varphi(x(t),y(t),t)\}$ 的零水平集 $\varphi=0$，其中 T 为时间阈值。垂直于水平集曲线的水平集演化方程为

$$\frac{\partial\varphi}{\partial t}+\vec{v}(x,y)\,|\nabla\varphi|=0 \tag{7-3}$$

图 7－3 为水平集函数 φ 与曲线 C 的演化关系。

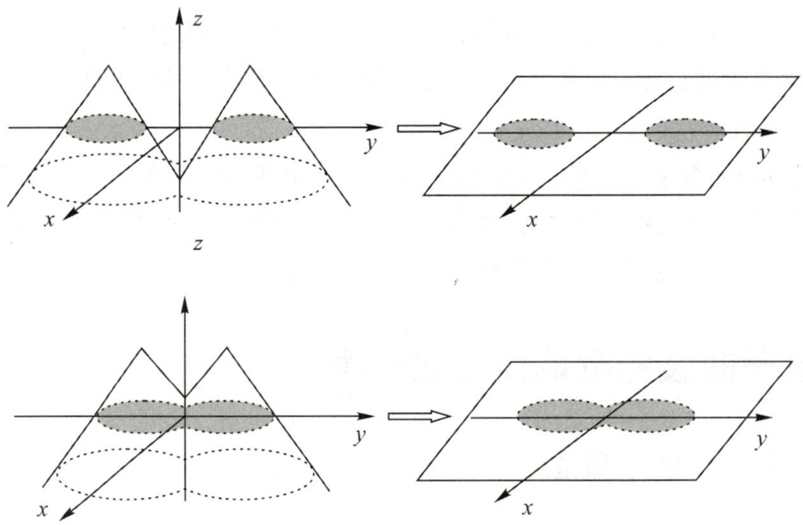

图 7－3　水平集函数 φ 与曲线 C 的演化关系

图片来源：单昊. 基于几何小波的多目标图像分割与地震去噪. 清华大学. 博士论文. 2010

7.2.2　基于曲波的测地线活动轮廓与边界探测函数构造

活动轮廓满足的能量公式为

$$E(C,C_s,C_{ss})=\int_0^1\left[\frac{1}{2}\alpha(s)\ |C_s|^2+\frac{1}{2}\beta(s)\ |C_{ss}|^2+g(C)\right]\mathrm{d}s \tag{7-4}$$

边界探测函数（Edge Detector）g 是一个单调衰减正函数：$\lim\limits_{|t|\mapsto\infty}g(t)=0$，在边界附近

具有极小值。可写为边界地图(Edge map)函数 f 的减函数,满足 $\lim_{f\to\infty} g=0$。例如,可取为线性分式函数 $g=\frac{1}{1+f}$或箕舌线函数 $g=\frac{1}{1+f^2}$。

更一般地,可取边界探测函数为广义有理分式

$$g=\frac{1}{af^{2n}+b},a,b>0,n=1,2,3,\cdots \tag{7-5}$$

还可取为高斯调制型函数

$$g=e^{-\frac{t^{2m}}{2\sigma^2}}\frac{1}{af^{2n}+b},a,b,\sigma>0,m,n=1,2,3,\cdots \tag{7-6}$$

容易验证,上述各式构造的函数满足边界探测函数所需条件。

取 $\beta=0$,方程(7-4)可简化为

$$E(C,C_s)=\int_0^1\left[\frac{1}{2}\alpha(s)\ |C_s|^2+g(C)\right]\mathrm{d}s \tag{7-7}$$

最小化能量 E ,即可获得测地线活动轮廓 GAC[173]。此问题等价于测地线最小化问题:

$$\min\int_0^1 g(C)\,|C_s|\,\mathrm{d}s \tag{7-8}$$

使用梯度下降法求解,计算欧拉—拉格朗日方程作为梯度下降过程:

$$\frac{\partial C}{\partial t}=(gK-\langle\nabla g,\vec{N}\rangle)\vec{N} \tag{7-9}$$

其中,$\vec{N}$是曲线的单位内法向,K 为曲率。如果方程中的曲线嵌入一个更高维度的水平集函数 φ,解测地线活动轮廓 GAC 等价于求如下方程的稳态解(即 $\frac{\partial\varphi}{\partial t}=0$ 时的解):

$$\frac{\partial\varphi}{\partial t}=gK|\nabla\varphi|+\nabla g\cdot\nabla\varphi=0,\varphi(0,C)=\varphi_0(C) \tag{7-10}$$

其中,$\varphi_0(C)$是 φ 在 $t=0$ 时的初值,曲线 C 是水平集函数 φ 的零水平集。单位内法向 $\vec{N}$ 和曲率 K 可以表达为 φ 的函数,即:

$$\vec{N}=-\frac{\nabla\varphi}{|\nabla\varphi|},K=\nabla\left(\frac{\nabla\varphi}{|\nabla\varphi|}\right) \tag{7-11}$$

在活动轮廓框架中,边界地图的典型表达式为 $f=|\nabla I(u,v)|^2$ 和 $f=|\nabla G_\sigma(u,v)*\nabla I(u,v)|^2$,其中 $I(u,v)$代表位置(u,v)处的图像;$G_\sigma(u,v)$是标准差为 σ 的二维高斯函数。

基于曲波的多尺度边界地图可由曲波阈值产生:

$$f=\sum_\gamma\tau(c_\gamma)\varphi_\gamma \tag{7-12}$$

其中,$\tau(c_\gamma)$为阈值,$\gamma=(j,l,k)$是空间坐标集,$c_\gamma=\langle f,\varphi_\gamma\rangle$是图像的曲波系数。

7.2.3 改进的曲波重构算法

文[147]的 CGS 重构算法把系数对应于原图尺寸，计算量大，且对迭代过程中活动轮廓的控制没有作用。文[27]提出逐尺度重构方案，即 CGS 在某一当前尺度 j 开始演化时，尺度集$[2,3,\cdots,j]$的系数只重构到 j 尺度，而非原图最大尺度，每一尺度的边界地图也在本尺度 j 重构后得到。

在空间域中，曲波滤波函数 φ_γ 在以 $x_k^{(j,l)}$ 为中心，与水平轴 x 点上的竖直轴成角度 $\theta_{j,l}$，以 2^{-j}和 $2^{-\frac{j}{2}}$为边长的矩形域外迅速衰减。

利用尺度 $2,3,\cdots,j_m-1$ 的估计系数可得尺度 j_m的估计值：

$$A_{j_m} = R_{j_m}(A_{j_m-1}, \tilde{\tau}_{[2,3,\cdots,j_m-1]}(c_{[2,3,\cdots,j_m-1],l,k})) \tag{7-13}$$

其中，A_{j_m}表示尺度 j_m 的估计，R_{j_m}是重构算子，$\tilde{\tau}_{[2,3,\cdots,j_m-1]}$是尺度集$[2,3,\cdots,j_m-1]$的系数阈值。二维图像的初始曲波尺度估值可取为：

$$A_{initial} = A_2 = R_{j_2}(A_{2-1}, \tilde{\tau}_2(c_{(2,l,k)})) \tag{7-14}$$

这样图像分解到一系列尺度上，图 7－4 为改进的曲波重构算法在各尺度上由粗糙到精细的重构结果示意图。

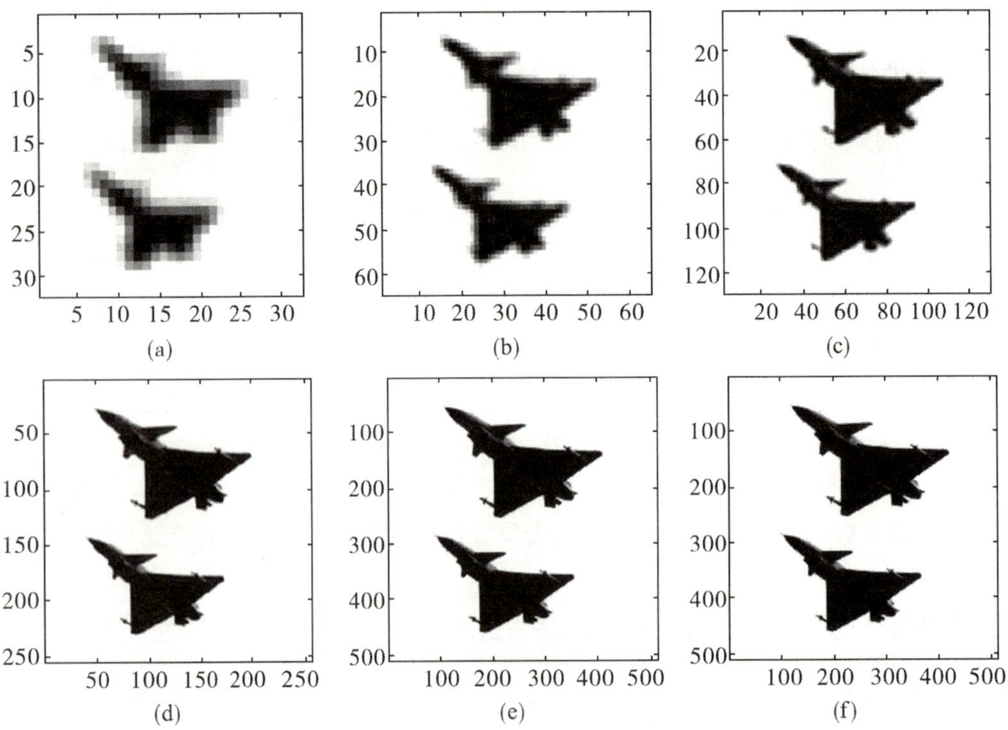

图 7－4 改进的曲波算法在各尺度上的重构结果

（图片来源：文献[27]：单昊. 基于几何小波的多目标图像分割与地震去噪. 清华大学博士论文. 2010）

7.2.4　曲波尺度集上的边界地图

设原图最大尺度为 j_0，每一尺度 j 上的重构图像尺寸具有 2^{j_0-j} 的降抽样因子，可得各尺度上的多尺度边界地图。令 f_{j_m} 为尺度 j_m 上的边界地图，则

$$f_{j_m} = \sum_{(j_m,l.k)} \theta^{j_m}(\tau_{j_M}(c_{(j_M,l.k)})\varphi_{(j_M,l.k)}) \tag{7-15}$$

其中，j_M 为尺度集 $[2,3,\cdots,j_m]$，$\tau_{j_M}(c_{(j_m,l.k)})$ 是 j_M 上的阈值方案，θ^{j_m} 是将阈值后的系数重构到尺度 j_m 尺寸上的算子，则在尺度 j_m 上的边界检测器为

$$g_{j_m} = \frac{1}{1+f_{j_m}^{\ 2}} = \frac{1}{1+\left(\sum\limits_{(j_m,l.k)} \theta^{j_m}(\tau_{j_M}(c_{(j_M,l.k)})\varphi_{(j_m,l.k)})\right)^2} \tag{7-16}$$

此程序在尺度集 $\zeta=[2,3,\cdots,J]$ 上重复运行，其中 J 是指定的最大曲波分解尺度，可得 ζ 上的基于曲波的多尺度边界地图系列

$$f_\zeta = \{f_{j_m} \sum_{(j_m,l.k)} \theta^{j_m}(\tau_{j_M}(c_{(j_M,l.k)})\varphi_{(j_M,l.k)}), j_m \in \zeta\} \tag{7-17}$$

水平集演化方程为

$$\frac{\partial \varphi_\zeta}{\partial t} = g_\zeta K_\zeta |\nabla \varphi_\zeta| + \nabla g_\zeta \cdot \nabla \varphi_\zeta \tag{7-18}$$

其中，尺度集 ζ，水平集函数 φ_ζ，边界检测器 g_ζ，曲率 K_ζ。

7.2.5　Snake 在曲波尺度间的穿越

测地线活动轮廓镶嵌于水平集函数 φ 的零水平集，活动轮廓线的演化可视为 φ 的演化，即：$c=\{(x,y)\ \ \varphi(x,y)=0\}\rightarrow S$，其中 S 是二维图像域中轮廓线各点的位置集合，即 *Snaxels*。用 $s_n^{\ j}=(x_n^{\ j},y_n^{\ j})^T$ 及各点的图像灰度值 $I(x_n^{\ j},y_n^{\ j})$ 作为轮廓线移植信息，其中 $s_n^{\ j}=(x_n^{\ j},y_n^{\ j})^T$ 表示尺度 j 的活动轮廓线上的第 n 个点。设 $s_n^{\ j_m,initial}$ 是尺度 j_m 的初始轮廓线的 Snaxels，$s_n^{\ j_m,end}$ 为终止 Snaxels。用二进降采样算子 D_2 将 $s_n^{\ j_m,end}$ 移植为下一尺度的初始 Snaxels$s_n^{\ j_m+1,initial}$：$s_n^{\ j_m+1,initial}=\frac{1}{2}D_2(s_n^{\ j_m,end})$。所有的 Snaxels 穿越曲波尺度集 $\zeta=[2,3,\cdots,J]$ 的过程为：

$$s_n^{\ 2,initial} \rightarrow s_n^{\ 2,end} \rightarrow s_n^{\ 3,initial} \rightarrow s_n^{\ 3,end} \rightarrow \cdots \rightarrow s_n^{\ J,end} \tag{7-19}$$

7.2.6 曲波测地线活动轮廓算法

曲波测地线活动轮廓(CGS, Curvelet Geodesic Snake)用上采样算子实现尺度从粗到精(Coarse to Fine)的演化,通过阈值化曲波,产生 CGS 边界地图,发挥噪声抑制和曲线识别的优势。曲波测地线活动轮廓图像去噪算法如下:

(1)对原图作曲波变换并阈值化处理;

(2)大尺度曲波重构,得边界地图 f_2 和水平集 φ_2;

(3)用边界地图 f_j 演化水平集 φ_j 至收敛,导出蛇形活动轮廓;

(4)消除零水平集的拓扑畸变;

(5)以尺度 j 上收敛的零水平集作为下一精细尺度初始值,继续演化。

7.2.7 曲波测地线活动轮廓处理含噪图像仿真实验

实验展示了 CGS 在一幅 512 × 512 的灰度图像上的演化结果。图 7 – 5 详细给出了 5 个曲波尺度上的演化结果。图中红线是在第 j 尺度上的 CGS 轮廓线。

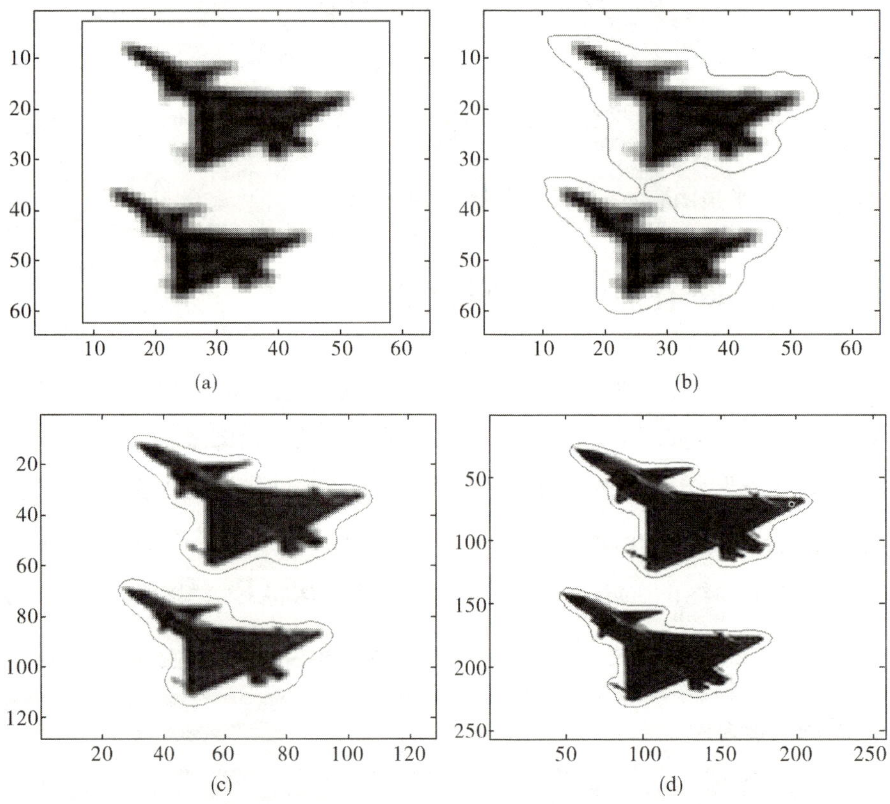

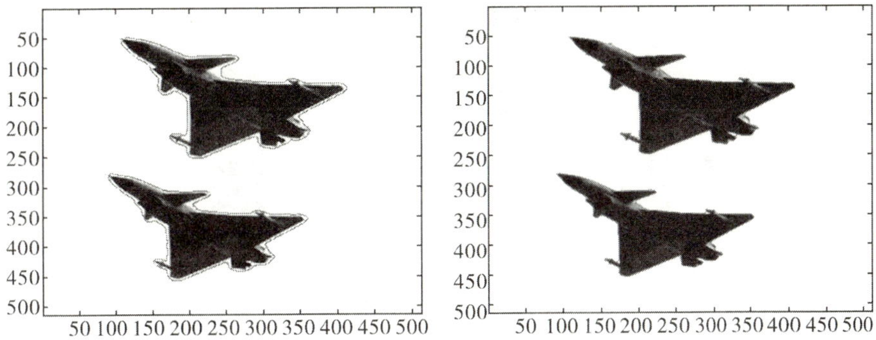

(e)　　(f)

图 7－5　曲波测地线活动轮廓处理含噪图像仿真实验（图片来源：文献[27]）。

7.3　本章小结

本章研究了基于曲波的测地线蛇形活动轮廓，把测地线活动轮廓（GAC）用曲波演化方法进行多尺度改进，获得曲波测地线蛇形活动轮廓（CGS）。结合水平集将曲波变换应用于多目标分割，探讨了边界探测函数的构造，如取线性分式函数、箕舌线函数或高斯型函数，总结了曲波测地线活动轮廓图像去噪算法及其实验结果。

第8章 复小波图像去噪方法

8.1 复小波理论基本概念

8.1.1 双正交完全重构滤波器

双正交滤波器的 $H_0(\omega)$，$\tilde{H}_0(\omega)$ 可以写成以下形式：

$$H_0(\omega) = \left(\frac{1+\exp(-j\omega)}{2}\right)^N F(\omega),$$

$$\tilde{H}_0(\omega) = \left(\frac{1+\exp(-j\omega)}{2}\right)^{\tilde{N}} \tilde{F}(\omega) \tag{8-1}$$

其中，函数 $F(\omega)$，$\tilde{F}(\omega)$ 为 ω 的三角多项式。

道波茜[175]证明，如果下式满足

$$B_k = sup \left| F(\omega) F\left(\frac{\omega}{2}\right) \cdots F\left(\frac{\omega}{2^{k-1}}\right) \right| \frac{1}{k} < 2^{N-\frac{1}{2}},$$

$$\tilde{B}_k = sup \left| \tilde{F}(\omega) \tilde{F}\left(\frac{\omega}{2}\right) \cdots \tilde{F}\left(\frac{\omega}{2^{k-1}}\right) \right| \frac{1}{k} < 2^{\tilde{N}-\frac{1}{2}} \tag{8-2}$$

其中，$k \in N$ 为自然数。则对应的双正交滤波器组构成小波。k 取值较大时，B_k，$\tilde{B}_k$ 增长速度很慢，实践中常取 $k \leqslant 50$。

设分解和重构端尺度滤波器关于 0 对称，长度分别为 $2M+1$ 和 $2P+1$，则有

$$\begin{cases} H_0(z) = h_0(0) + h_0(1)(z+z^{-1}) + \cdots + h_0(M)(z^M + z^{-M}) \\ \tilde{H}_0(z) = \tilde{h}_0(0) + \tilde{h}_0(1)(z+z^{-1}) + \cdots + \tilde{h}_0(P)(z^P + z^{-P}) \end{cases} \tag{8-3}$$

其多相位矩阵具有分解

$$P(z) = \prod_{i=1}^{m} \begin{bmatrix} 1 & s_i(z) \\ 0 & 1 \end{bmatrix} \begin{bmatrix} 1 & 0 \\ t_i(z) & 1 \end{bmatrix} \begin{bmatrix} K & 0 \\ 0 & \frac{1}{K} \end{bmatrix} \tag{8-4}$$

其中，$s_i(z)$，$t_i(z)$，$i=0,1,\cdots,m$ 均为洛朗(Laurent)多项式。

8.1.2　希尔伯特变换对

传统离散小波变换 DWT 的主要缺点包括：非平移不变、方向表示能力弱(所以用增加了方向参数的脊波来改进)、产生混迭、无相位信息等。古老的傅里叶变换却不具有小波的这些问题。其优越性表现在：

(1)傅里叶变换的幅度无正负振荡，在傅里叶域有光滑的正包络。

(2)幅值平移不变，通过简单的线性相位偏移来编码。

(3)傅里叶系数无混迭，无须经过消除混迭方可重构信号。

(4)高维傅里叶基具有高度方向性。

原因在于傅里叶变换是复值振荡函数，实部和虚部构成一个希尔伯特变换对：

$$e^{j\omega t} = \cos\omega t + j\sin\omega t \tag{8-5}$$

定义 8.1　函数 s 的希尔伯特变换 $H[s]$(Hilbert Transform)定义为

$$\hat{s}(t) = H[s] = (h*s)(t) = \int_{-\infty}^{+\infty} s(\tau)h(t-\tau)\mathrm{d}\tau = \frac{1}{\pi}\int_{-\infty}^{+\infty}\frac{s(\tau)}{t-\tau}\mathrm{d}\tau \tag{8-6}$$

其中，$h(t)=\dfrac{1}{\pi t}$，并认为上述积分为柯西主值的。

定义 8.2　设 $\hat{\psi}_g(\omega)$ 和 $\hat{\psi}_h(\omega)$ 分别是函数 $\psi_g(t)$ 和 $\psi_h(t)$ 的傅里叶变换，若

$$\hat{\psi}_g(\omega) = \begin{cases} -j\hat{\psi}_h(\omega), \omega > 0 \\ j\hat{\psi}_h(\omega), \omega < 0 \end{cases} \tag{8-7}$$

则称函数 $\psi_g(t)$ 是 $\psi_h(t)$ 的希尔伯特变换，记为 $\psi_g(t)\approx H[\psi_h(t)]$，并称该双正交小波函数构成希尔伯特变换对。

定理 8.1[177]　两个双正交滤波器组 $\{H_0(z), H_1(z); \tilde{H}_0(z), \tilde{H}_1(z)\}$ 和 $\{G_0(z), G_1(z); \tilde{G}_0(z), \tilde{G}_1(z\}$ 对应小波形成希尔伯特变换对，当且仅当它们的尺度滤波器满足：

$$G_0(\omega) = e^{-j\frac{\omega}{2}}H_0(\omega), \tilde{G}_0(\omega) = e^{j\frac{\omega}{2}}\tilde{H}_0(\omega), |\omega| < \pi \tag{8-8}$$

定理 8.2　双正交希尔伯特变换对存在如下等价表示：

(1)小波母函数方程：两个双正交滤波器组 $\{H_0(z), H_1(z); \tilde{H}_0(z), \tilde{H}_1(z)\}$ 和 $\{G_0(z), G_1(z); \tilde{G}_0(z), \tilde{G}_1(z)\}$ 对应的小波母函数满足希尔伯特变换对条件

$$\psi_g(t) \approx H[\psi_h(t)], \tilde{\psi}_h(t) = H[\tilde{\psi}_g(t)] \tag{8-9}$$

(2)小波滤波器方程：两个双正交滤波器组的小波滤波器满足

$$G_1(\omega) = e^{j\frac{\omega-\pi}{2}} H_1(\omega), \tilde{G}_1(\omega) = e^{-j\frac{\omega-\pi}{2}} \tilde{H}_1(\omega) \tag{8-10}$$

(3)尺度函数方程:两个双正交滤波器组的尺度函数满足

$$\hat{\varphi}_g(0) = e^{-j\frac{\omega}{2}} \hat{\varphi}_h(\omega), \tilde{\varphi}\hat{}_g(\omega) = e^{j\frac{\omega}{2}} \hat{\tilde{\varphi}}_h(\omega), |\omega| < \pi \tag{8-11}$$

类比傅里叶的表现形式,可用复尺度函数和复小波母函数构造复小波变换(CWT, Complex wavelet transform)。复小波函数形如:$\psi_c(t) = \psi_{real}(t) + j\psi_{image}(t)$。其中,$\psi_{real}(t)$是实值偶函数,而$j\psi_{image}(t)$是虚值奇函数。若$\psi_{real}(t)$和$j\psi_{image}(t)$组成希尔伯特变换对,则$\psi_c(t)$是解析信号,投影到$2^{\frac{j}{2}}\psi_c(2^j t - n)$,即得到离散复小波系数。

离散复小波大致分为两类:一类是设计复小波母函数$\psi_c(t)$形成正交规范或双正交基,但这种强约束使CWT无法克服传统DWT的缺陷;另一类是设计冗余表示,其中实部$\psi_{real}(t)$与虚部$j\psi_{image}(t)$各自形成正交规范或双正交基。

紧支函数不能精确解析,因其傅里叶变换不可能在某个区间上精确为0[178]。因此紧支小波相应的CWT只具有近似平移不变性和抗混迭性。

8.2 二元树复小波变换

8.2.1 二元树复小波变换

金伯利(Kingsbury)于1998年首先提出实现解析小波变换的二元树复小波变换(DTCWT)[179,180,181],其实现采用两个实值DWT,一个给出变换系数的实部,一个给出虚部。

实现DTCWT的滤波器组如图8-1所示。设$h_0(n)$,$h_1(n)$分别表示上组滤波器带的低通和高通滤波器,$g_0(n)$,$g_1(n)$表示下组滤波器带的低通和高通滤波器。相应的实小波分别表示为$\psi_h(t)$,$\psi_g(t)$,使得复小波$\psi(t) := \psi_h(t) + j\psi_g(t)$近似解析。设计滤波器组使得$\psi_g(t)$近似为$\psi_h(t)$的希尔伯特变换,表示为$\psi_g(t) \approx H[\psi_h(t)]$。

二元树复小波设计中的关键问题是联合设计两个滤波器组得到解析的复小波和复尺度。二元树复小波变换应具如下优点:①近似平移不变性;②在二维或更高维具有良好方向性;③用短支线性相位滤波器即可完全重构;④冗余度小;⑤有效的快速计算算法。

经典的道波茜小波滤波器对不满足$\psi_g(t) \approx H[\psi_h(t)]$,需要设计低通滤波器$h_0(n)$,$g_0(n)$,形成近似希尔伯特变换对。

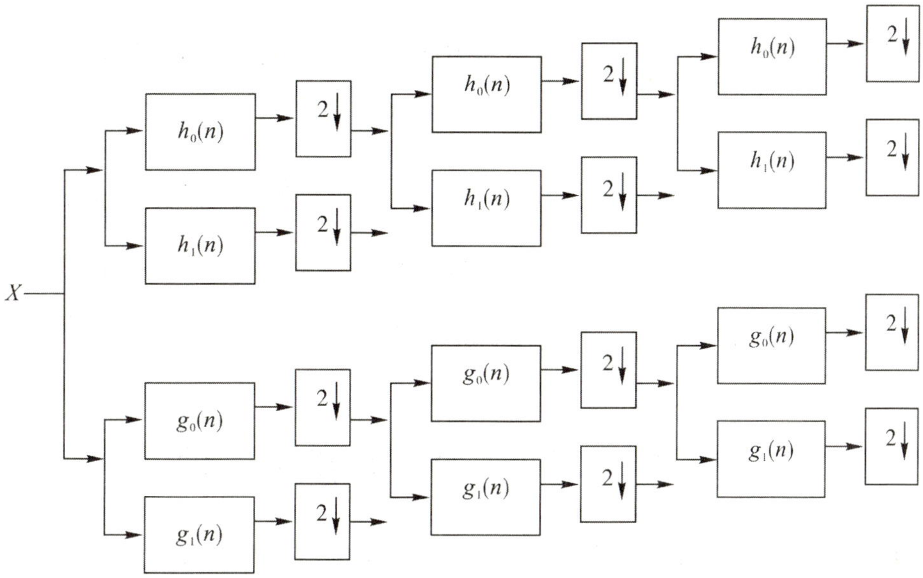

图 8－1　DTCWT 的分析滤波器组结构图

8.2.2　二元树复小波变换滤波器设计

若低通滤波器的转移函数具有形式 $H_0(z)=(1+z)^kQ(z)$，则小波 $\psi(t)$ 有 k 阶消失矩。Selesnick 证明，若满足半采样延迟条件 $G_0(e^{j\omega})=e^{-\frac{1}{2}j\omega}H_0(e^{j\omega})$，则 $\psi_g(t)\approx H[\psi_h(t)]$，其逆命题由 Ozkaramanli[182,183] 证明，使得半采样延迟条件成为形成希尔伯特变换对的充分必要条件。半采样延迟条件又可等价表示为幅值条件 $|G_0(e^{j\omega})|=|H_0(e^{j\omega})|$ 和相位条件 $\angle G_0(e^{j\omega})=\angle H_0(e^{j\omega})-\frac{1}{2}\omega$。王红霞[182] 和 Ozkaramanli [177] 给出了双正交小波基形成近似希尔伯特变换对的充要条件。

已有的二元树复小波变换的滤波器设计主要方法有：

1)线性相位双正交设计方法[180]：取 $h_0(n)$ 为对称奇数长 FIR 滤波器，$g_0(n)$ 为对称偶数长 FIR 滤波器，对奇数 N，有 $h_0(n)=h_0(N-1-n)$，$G_0(n)=G_0(N-n)$，半采样延迟条件的相位条件能满足，但幅值条件不满足，用迭代误差最小策略来逼近。

2)q－shift 法[185]：令 $G_0(n)=h_0(N-1-n)$，其中 N 为 $h_0(n)$ 的偶数长。此时半采样延迟条件的幅值等式满足，而相位等式不满足。

3)公因子法[186]：设 $h_0(n)=f(n)*d(n)$，$g_0(n)=f(n)*d(L-n)$，等价于 $H_0(z)=F(z)D(z)$，$H_0(z)=z^{-L}F(z)D\left(\frac{1}{z}\right)$。这样，就有 $G_0(z)=H_0(z)A(z)$，其中 $A(z)=$

$\dfrac{z^{-L}D\left(\frac{1}{z}\right)}{D(z)}$为全通转移函数。可用 Thiran 延迟滤波器[187]实现半采样延迟条件幅值等式 $\angle A(e^{j\omega}) \approx -\frac{1}{2}\omega$。

4）最优方向性法[188]：给出二元树复小波主方向，当小波函数 $\psi^1(x,y)$ 的主方向 $\alpha = \frac{\pi}{12}$时，六个二元树复小波 $\psi^k(x,y)$，$(k=l,2,\cdots,6)$ 的联合方向性最强。求解优化问题 $\min_\alpha = \left|\alpha_{\psi^1} - \frac{\pi}{12}\right|$，可得多组具有理想幅频响应特征和强方向性的小波滤波器。

8.2.3 二元树复小波平移不变性和方向性分析

考虑只保留某分解层中的某类（小波或尺度函数）非零系数进行重构，若重构信号没有混迭，即称变换平移不变，这意味着给定子图是线性时不变系统，可由一个脉冲响应及其相应的 z 转移函数完全确定。其中子图定义为包含两棵树中所有系数的集合。图8－2是特定分解层数下的二元树分解与重构。其中 $M=2^m$ 是总上下采样因子。

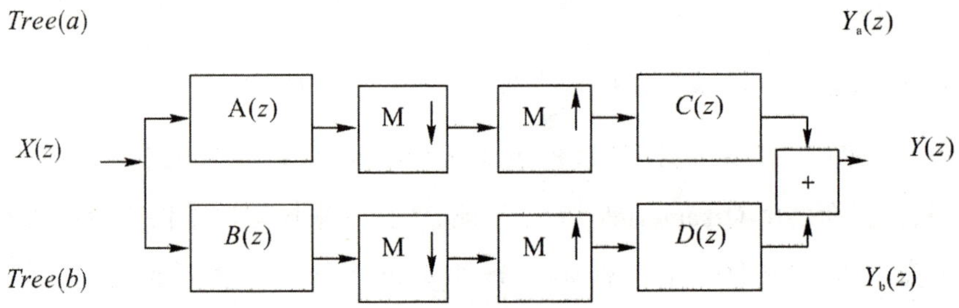

图 8－2　二元树基本结构（$M=2^m$）

若信号 $U(z)$先做 M 倍下采样，再做上采样，则转移函数为$\frac{1}{M}\sum_{k=0}^{M-1}U(e^{\frac{2\pi}{M}jk\omega z})$。令 $W = e^{\frac{2\pi}{M}j\omega}$，则有：

$$Y(z) = Y_a(z) + Y_b(z) = \frac{1}{M}\sum_{k=0}^{M-1}X(W^kz)\left[A(W^kz)C(z) + B(W^kz)D(z)\right] \tag{8-12}$$

$k\neq 0$ 的项对应混叠项。需要设计 $A(W^kz)C(z)+B(W^kz)D(z)$，使得它们小到可以忽略不计，或相互抵消。对低通滤波器，当 k 为奇数时，设计 $B(W^kz)D(z)$ 使之与 $A(W^kz)C(z)$ 相互抵消：

$$B(z) = z^{\pm\frac{M}{2}}A(z),D(z) = z^{\pm\frac{M}{2}}C(z) \tag{8-13}$$

这样，就有 $B(W^k z)D(z)=(-1)^k A(W^k z)C(z)$。

二维二元树复小波变换具有很多利于多维信号处理的性质，它不仅近似解析，也具有很好的方向性，有利于平面图像或三维立体中方向奇异性的处理。设有原始复数滤波器 $P(z)$ 和 $Q(z)$，都只有单边频率通带 $\left\{\frac{f_s}{2M}\leftrightarrow\frac{f_s}{2M}\right\}$，令：

$$
\begin{aligned}
A(z) &= 2Re[P(z)] = P(z)+P^*(z) \\
B(z) &= 2Im[P(z)] = -j[P(z)-P^*(z)] \\
C(z) &= 2Re[Q(z)] = Q(z)+Q^*(z) \\
D(z) &= -2Im[Q(z)] = j[Q(z)-Q^*(z)]
\end{aligned}
\tag{8-14}
$$

其中，$Re[P(z)]$ 为实部，$Im[P(z)]$ 为虚部，$P^*(z)$ 为共轭。$P(z)$ 和 $Q(z)$ 分别是对应于 A 和 C 的高通滤波器，$P*(z)$ 和 $Q*(z)$ 是对应负频率通带的滤波器。B 和 D 的脉冲响应是 A 和 C 的脉冲响应的希尔伯特变换。主要重叠项由 $Q^*(z)P(W^k z)$ 和 $Q(z)P^*(W^k z)$ 的负方向频率通带引起，将 $B(W^k z)D(z)$ 加入 $A(W^k z)C(z)$，这些项就相互抵消：

$$
\begin{aligned}
A(W^k z)C(z)+B(W^k z)D(z) &= [P(W^k z)+P^*(W^k z)][Q(z)+Q^*(z)]+ \\
&\quad (-j)[P(W^k z)-P^*(W^k z)]j[Q(z)-Q^*(z)] \\
&= 2P(W^k z)Q(z)+2P^*(W^k z)Q^*(z)
\end{aligned}
\tag{8-15}
$$

经典小波基处理一维信号是最优的，二维小波变换对自然图像并不具有类似的最优性，原因是对于直线或曲线（边缘）奇异处理失效。需要引入新的二维多尺度变换更有效的表示边缘。例如，可转向金字塔（Steerable pyramid）、曲波（Curvelets）、轮波（Contourlet）等都具有好的方向性。

考虑实现二维复小波变换。令 $\psi(x,y)=\psi(x)\psi(y)$，其中 ψ 是复小波，即 $\psi(x)=\psi_h(x)+j\psi_g(x)$，$\psi(y)=\psi_h(y)+j\psi_g(y)$，则 $\psi(x,y)$ 为

$$
\begin{aligned}
\psi(x,y) &= [\psi_h(x)+j\psi_g(x)][\psi_h(y)+j\psi_g(y)]= \\
&\psi_h(x)\psi_h(y)-\psi_g(x)\psi_g(y)+j[\psi_h(x)\psi_g(y)+\psi_g(x)\psi_h(y)]
\end{aligned}
\tag{8-16}
$$

为衍生出具有更多方向性的实二维小波，对 $i=1,2,3$，取

$$
\begin{aligned}
\psi_i(x,y) &= \frac{1}{\sqrt{2}}\left[\psi_{1,i}(x,y)-\psi_{2,i}(x,y)\right] \\
\psi_{i+3}(x,y) &= \frac{1}{\sqrt{2}}\left[\psi_{1,i}(x,y)+\psi_{2,i}(x,y)\right]
\end{aligned}
\tag{8-17}
$$

其中两个分离的二维小波基如下定义：

$$
\begin{aligned}
\psi_{1,1}(x,y) &= \varphi_h(x)\psi_h(y),\psi_{2,1}(x,y) = \varphi_g(x)\psi_g(y) \\
\psi_{1,2}(x,y) &= \psi_h(x)\varphi_h(y),\psi_{2,2}(x,y) = \psi_g(x)\varphi_g(y) \\
\psi_{1,3}(x,y) &= \psi_h(x)\psi_h(y),\psi_{2,3}(x,y) = \psi_g(x)\psi_g(y)
\end{aligned}
\tag{8-18}
$$

对 $i=1,2,3$，令另外六个方向小波为：

$$\psi_i(x,y) = \frac{1}{\sqrt{2}}[\psi_{3,i}(x,y) + \psi_{4,i}(x,y)],$$

$$\psi_{i+3}(x,y) = \frac{1}{\sqrt{2}}[\psi_{3,i}(x,y) - \psi_{4,i}(x,y)] \quad (8-19)$$

其中两个分离的二维小波基如下定义：

$$\psi_{3,1}(x,y) = \varphi_g(x)\psi_h(y), \psi_{4,1}(x,y) = \varphi_h(x)\psi_g(y)$$
$$\psi_{3,2}(x,y) = \psi_g(x)\varphi_h(y), \psi_{4,2}(x,y) = \psi_h(x)\varphi_g(y) \quad (8-20)$$
$$\psi_{3,3}(x,y) = \psi_g(x)\psi_h(y), \psi_{4,3}(x,y) = \psi_h(x)\psi_g(y)$$

取(8－17)为实部，(8－20)为虚部，就形成六个复小波(图 8－3)。

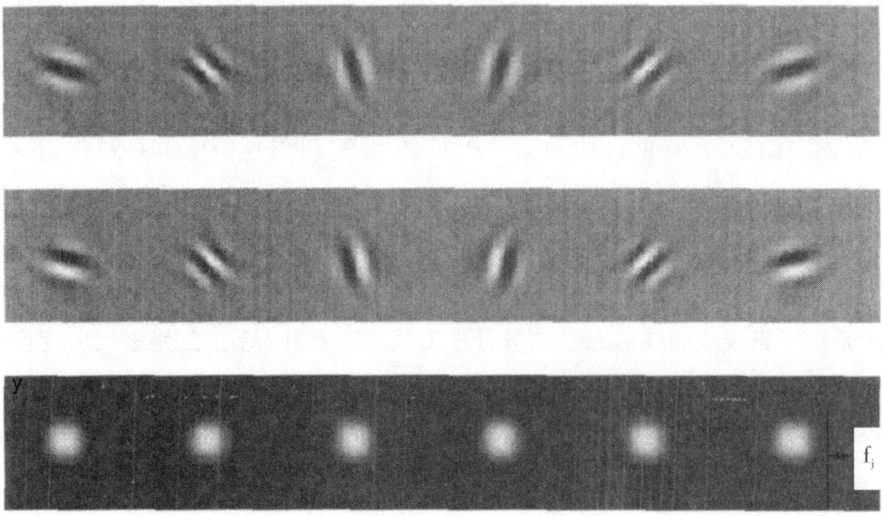

图 8－3　二元树复小波的六个复小波的实部、虚部和幅值(图片来源：文献[28])

8.2.4　二元树复小波变换的实现

二元树复小波变换首层分解中，两棵树的滤波器相差一个单位延迟。次层以上分解则需设计合适的滤波器，使得复小波 $\psi(t)=\psi_h(t)+j\psi_g(t)$ 近似解析，即，使函数 $\psi_g(t)$ 近似为函数 $\psi_h(t)$ 的希尔伯特变换：$\psi_g(t)\approx H[\psi_h(t)]$。

若低通滤波器满足半采样延迟条件：$g_0(n)=h_0\left(n-\frac{1}{2}\right)$，则对应尺度函数满足半采样延迟条件：$\varphi_g(t)=\varphi_h\left(t-\frac{1}{2}\right)$，即两个尺度函数满足交错(Interlacing)性质，构造二元树滤波器组须重复此交错性质。对每层的每棵树，高通滤波器由低通滤波器来决定。设

第 j 层低通滤波器为 $h_0{}^{(j)}(n)$ 和 $g_0{}^{(j)}(n)$。从输入到输出，有：

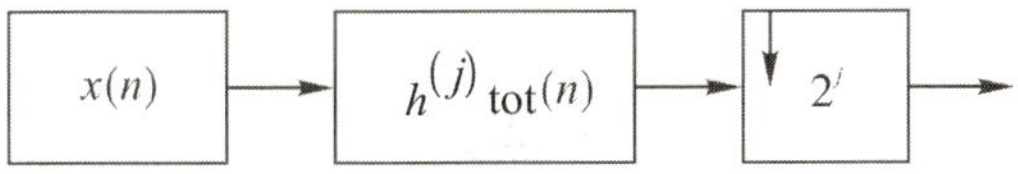

其中 $h_{tot(j)}(n)$ 由下式给出：

$$h_{tot(j)}(z) = h_0{}^{(1)}(z)h_0{}^{(2)}(z^2)\cdots h_0{}^{(j)}(z^{2j-1}) \tag{8-21}$$

设计每个分解层的滤波器 $\mathrm{h}_0{}^{(j)}(\mathrm{n})$ 和 $\mathrm{g}_0{}^{(j)}(\mathrm{n})$，使得将 $\mathrm{g}_{\mathrm{tot(j)}}(\mathrm{n})$ 平移 2^{j} 落在 $\mathrm{h}_{\mathrm{tot(j)}}(\mathrm{n})$ 平移 2^{j} 的中间。例如，在第一层，要求

$$g_0{}^{(1)}(n) = h_0{}^{(1)}(n-1) \tag{8-22}$$

用频率响应改写为：

$$G_0{}^{(1)}(\mathrm{e}^{jw}) \approx \mathrm{e}^{-jw}H_0{}^{(1)}(\mathrm{e}^{jw}) \tag{8-23}$$

对 $\mathrm{j}=2$，要求

$$G_{tot(2)}(\mathrm{e}^{jw}) \approx \mathrm{e}^{-2jw}H_{tot(2)}(\mathrm{e}^{jw}) \tag{8-24}$$

用频率响应改写为：

$$G_0{}^{(1)}(\mathrm{e}^{jw})G_0{}^{(2)}(\mathrm{e}^{2jw}) \approx \mathrm{e}^{-2jw}H_0{}^{(1)}(\mathrm{e}^{jw})H_0{}^{(2)}(\mathrm{e}^{2jw}) \tag{8-25}$$

结合两个频率响应式得

$$G_0{}^{(2)}(\mathrm{e}^{jw}) \approx \mathrm{e}^{-\frac{1}{2}jw}H_0{}^{(2)}(\mathrm{e}^{jw}) \tag{8-26}$$

这正是半采样延迟条件。

8.3　图像的小波域统计模型

8.3.1　双变量收缩(BiShrink)模型

令 w_1, w_2 为相邻两尺度存在父子关系的一对小波系数，L. Sendur 采用曲面拟合的方法，用如下概率密度函数表示向量 (w_1, w_2) 的分布：

$$p(w_1,w_2) = \frac{3}{2\pi\sigma_s{}^2}\exp\left(-\frac{\sqrt{3}}{\sigma_s}\sqrt{w_1{}^2+w_2{}^2}\right) \tag{8-27}$$

原图像当前层与父层小波系数 w_1, w_2 不相关，但不独立。用最大后验概率估计获得一个非线性双变量收缩函数(图 8-5)：

$$\hat{w}_1 = \frac{\left(\sqrt{y_1{}^2+y_2{}^2}-\frac{\sqrt{3}\sigma_n{}^2}{\sigma_s}\right)_+}{\sqrt{y_1{}^2+y_2{}^2}}y_1 \tag{8-28}$$

其中，$(f)_+ = \begin{cases} f, f>0 \\ 0, f\leqslant 0 \end{cases}$，$y_1, y_2$ 分别是噪声图像的当前层和父层的小波系数。σ_n 为噪声均

方差，σ_s 为信号均方差。

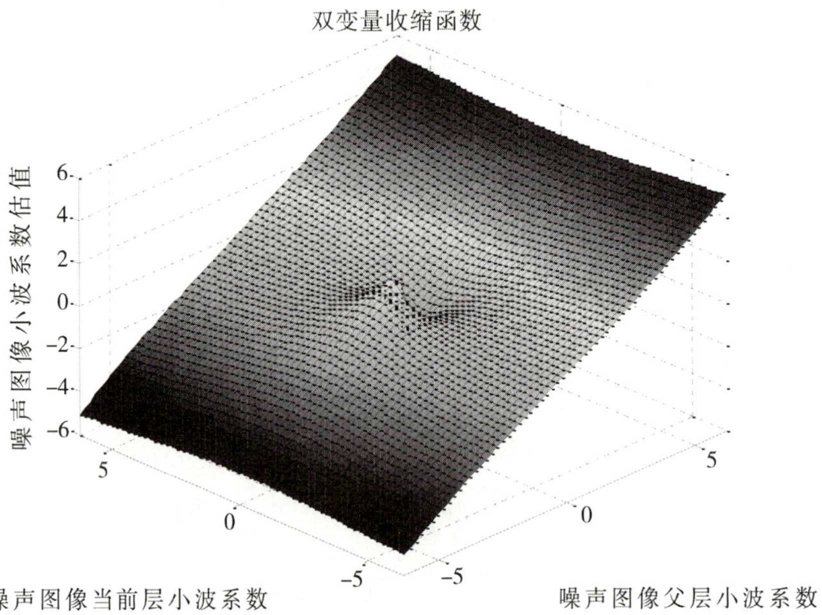

图 8－4　双变量收缩函数

曲面中心存在圆形的零值区域，在当前层和父层系数都较小时，令系数为 0。父层系数值的模越小，收缩得越厉害，曲面中心呈现“皱褶”形态。

8.3.2　高斯尺度混合(Gaussian Scale Mixture,GSM)模型

小波系数及其邻域系数组成的 N 维随机向量 x 称为高斯尺度混合(Gauss Scale Mixture,GSM)的，若它能表示为两个独立随机变量的乘积 $x=\sqrt{z}u$，其中 z 为正值随机变量，u 是协方差矩阵为 C_u 的零均值 N 维高斯向量。随机向量 x 的密度 $p_X(x)$ 为

$$p_X(x)=\int\frac{\exp\left(-x^T\frac{(zCu)-1}{2}x\right)}{\sqrt{(2\pi)^N|zCu|}}p_z(z)\mathrm{d}z \tag{8-29}$$

8.3.3　隐马尔可夫树(HMT,Hidden Markov Free)模型

Crouse 等[189]建立了小波域隐马尔可夫树(HMT, Hidden Markov Tree)模型。如图 8－5 所示，小波系数用实心点表示，状态用空心点表示。根节点处的小波系数记作 w_1，w_2，$\rho(i)$ 表示节点 i 的父节点，隐态记为 S_1。把各系数的边缘概率建模为双状态零均值的高斯混合模型：

$$f_W(w_i) = \sum_{m=S,L} Ps_i(m) * f_{W|S}(w_i | s_i = m) \tag{8-30}$$

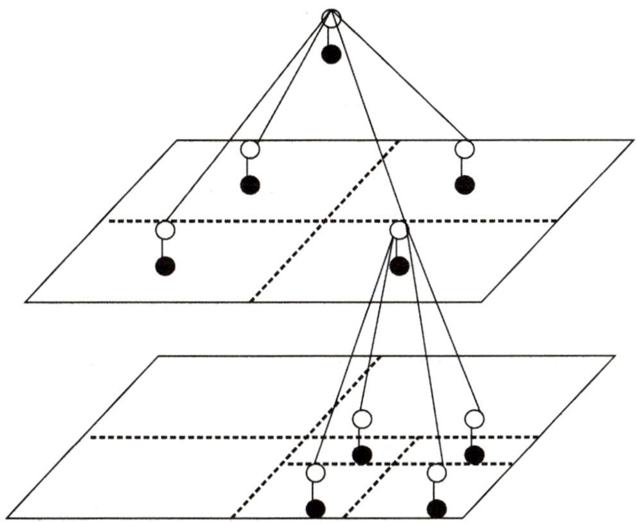

图 8-5　小波系数隐态四叉树模型

小波域 HMT 模型的参数是：

1. 条件概率 $Ps_i(m) = p(s_i = m|\theta)$，即已知 HMT 模型参数 θ 的条件下，节点 s_i 处于隐态 m 的概率。

2. 状态转移概率 $\varepsilon_{i,\rho(i)}^{\min} = p_{s_i|s_{\rho(i)}}(s_i = m|s_{\rho(i)} = n)$，即已知父节点状态 $s_{\rho(i)}$ 的值为 n 时，子节点状态 s_i 的值为 m 的条件概率。

3. 小波系数 w_i 的均值 $\mu_{i,m}$ 和标准差 $\sigma_{i,m}$。

上述参数构成了 HMT 模型参数空间，记为

$$\theta = \{Ps_i(m), \mu_{i,m}, \sigma_{i,m}, \varepsilon_{i,\rho(i)}\} \tag{8-31}$$

8.4　二元树复小波构造

8.4.1　希尔伯特变换对设计

二元树复小波变换冗余度小、计算量适当、分解和重构算法高效，具有近似平移不变性和较强的方向性。

对于双正交滤波器组 $\{H_0(z), H_1(z); \tilde{H}_0(z), \tilde{H}_1(z)\}$，用低通滤波器 $H_0(\omega) = \sum_n h_0(n)\mathrm{e}^{-j\omega n}$ 和 $\tilde{H}_0(\omega) = \sum_n \tilde{h}_0(n)\mathrm{e}^{-j\omega n}$，以及高通滤波器 $H_1(\omega) = \sum_n h_1(n)\mathrm{e}^{-j\omega n}$ 和

$\tilde{H}_1(\omega) = \sum_n \tilde{h}_1(n)e^{-j\omega n}$，分别如下定义尺度函数和小 波函数：

$$\begin{cases} \varphi_h(t) = \sqrt{2}\sum_n h_0(n)\varphi_h(2t-n) \\ \psi_h(t) = \sqrt{2}\sum_n h_1(n)\varphi_h(2t-n) \end{cases}$$

$$\begin{cases} \tilde{\varphi}_h(t) = \sqrt{2}\sum_n \tilde{h}_0(n)\tilde{\varphi}_h(2t-n) \\ \tilde{\psi}_h(t) = \sqrt{2}\sum_n \tilde{h}_1(n)\tilde{\varphi}_h(2t-n) \end{cases} \tag{8-32}$$

对于双正交小波滤波器组$\{G_0(z),G_1(z);\tilde{G}_0(z),\tilde{G}_1(z)\}$，类似定义其尺度函数 $\varphi_g(t)$，$\tilde{\varphi}_g(t)$和小波函数$\psi_g(t)$，$\tilde{\psi}_g(t)$。为使两个滤波器组的小波基形成希尔伯特变换对，在分解端，小波函数$\psi_g(t)$是$\psi_h(t)$的希尔伯特变换，记为$\psi_g(t)\approx H[\psi_h(t)]$；在重构端，函数$\tilde{\psi}_h(t)$是$\tilde{\psi}_g(t)$的希尔伯特变换，记为$\tilde{\psi}_h(t)=H[\tilde{\psi}_g(t)]$。根据定义有：

$$\hat{\tilde{\psi}}_g(\omega) = \begin{cases} -j\hat{\tilde{\psi}}_h(\omega), \omega > 0 \\ j\hat{\psi}_h(\omega), \omega < 0 \end{cases},$$

$$\hat{\tilde{\psi}}_h(\omega) = \begin{cases} -j\hat{\tilde{\psi}}_g(\omega), \omega > 0 \\ j\hat{\tilde{\psi}}_g(\omega), \omega < 0 \end{cases} \tag{8-33}$$

滤波器组$\{H_0(z),H_1(z);\tilde{H}_0(z),\tilde{H}_1(z)\}$构成完全重构滤波器组，若满足消除混迭条件：

$$H_0(\omega+\pi)\tilde{H}_0(\omega) + H_1(\omega+\pi)\tilde{H}_1(\omega) = 0 \tag{8-34}$$

和无失真条件（N为自然数）：

$$H_0(\omega)\tilde{H}_0(\omega) + H_1(\omega)\tilde{H}_1(\omega) = 2e^{-j\omega N} \tag{8-35}$$

若设

$$H_1(\omega) = \tilde{H}_0(\omega+\pi), \tilde{H}_1(\omega) = -H_0(\omega+\pi) \tag{8-36}$$

则显然满足消除混迭条件。此时代入(8－35)，无失真条件(8－35)成为只依赖于两个尺度滤波器的形式：

$$H_0(\omega)\tilde{H}_0(\omega) - H_0(\omega+\pi)\tilde{H}_0(\omega+\pi) = 2e^{-j\omega N} \tag{8-37}$$

根据双尺度方程，我们有：

$$\hat{\psi}_h(\omega) = H_1\left(\frac{\omega}{2}\right)\hat{\varphi}_h\left(\frac{\omega}{2}\right) = \tilde{H}_0\left(\frac{\omega}{2}+\pi\right)\prod_{k=2}^{\infty}H_0\left(\frac{\omega}{2^k}\right)\hat{\varphi}_h(0) \tag{8-38}$$

上述方程表明，分解端小波的傅里叶变换$\hat{\psi}_h(\omega)$可用两个低通尺度滤波器的频率响应表示。对偶小波的傅里叶变换也可用相应的两个滤波器来表示：

$$\hat{\tilde{\psi}}_h(\omega) = -H_0\left(\frac{\omega}{2}+\pi\right)\prod_{k=2}^{\infty}\tilde{H}_0\left(\frac{\omega}{2^k}\right)\hat{\tilde{\varphi}}_h(0) \tag{8-39}$$

对于滤波器组 $\{G_0(z), G_1(z); \tilde{G}_0(z), \tilde{G}_1(z)\}$，可导出类似关系：

$$\hat{\psi}_g(\omega) = \tilde{G}_0\left(\frac{\omega}{2}+\pi\right)\prod_{k=2}^{\infty}G_0\left(\frac{\omega}{2^k}\right)\hat{\varphi}_g(0)$$

且

$$\hat{\tilde{\psi}}_g(\omega) = -G_0\left(\frac{\omega}{2}+\pi\right)\prod_{k=2}^{\infty}\tilde{G}_0\left(\frac{\omega}{2^k}\right)\hat{\tilde{\varphi}}_g(0) \tag{8-40}$$

尺度函数的收敛性和无穷乘积意味着：

$$G(0) = H(0) = \tilde{H}(0) = \tilde{G}(0) = 0 \tag{8-41}$$

不妨设 $\hat{\varphi}_g(0) = \hat{\varphi}_h(0) \neq 0$，$\hat{\tilde{\phi}}g(0) = \hat{\tilde{\varphi}}_h(0) \neq 0$，构成希尔伯特变换对，当且仅当

$$\tilde{G}_0\left(\frac{\omega}{2}+\pi\right)\prod_{k=2}^{\infty}G_0\left(\frac{\omega}{2^k}\right) = e^{-jsgn(\omega)\frac{\pi}{2}}\tilde{H}_0\left(\frac{\omega}{2}+\pi\right)\prod_{k=2}^{\infty}H_0\left(\frac{\omega}{2^k}\right) \tag{8-42}$$

且

$$e^{-jsgn(\omega)\frac{\pi}{2}}G_0\left(\frac{\omega}{2}+\pi\right)\prod_{k=2}^{\infty}\tilde{G}_0\left(\frac{\omega}{2^k}\right) = H_0\left(\frac{\omega}{2}+\pi\right)\prod_{k=2}^{\infty}\tilde{H}_0\left(\frac{\omega}{2^k}\right) \tag{8-43}$$

定义辅助函数

$$T(\omega) = \frac{G_0(\omega)}{H_0(\omega)} = A(\omega)e^{-j\theta(\omega)}, \tilde{T}(\omega) = \frac{\tilde{G}_0(\omega)}{\tilde{H}_0(\omega)} = \tilde{A}(\omega)e^{-j\tilde{\theta}(\omega)} \tag{8-44}$$

其中，$A(\omega)$ 和 $\tilde{A}(\omega)$ 为幅值函数，$\theta(\omega)$ 和 $\tilde{\theta}(\omega)$ 为相位函数。由(8－41)，有 $T(0)=\tilde{T}(0)=1$。用函数 $T(\omega)$ 和 $\tilde{T}(\omega)$ 重写(8－42)和(8－43)，形成希尔伯特变换对的充分必要条件为：

$$\tilde{T}\left(\frac{\omega}{2}+\pi\right)\prod_{k=2}^{\infty}T\left(\frac{\omega}{2^k}\right) = e^{-jsgn(\omega)\frac{\pi}{2}} \tag{8-45}$$

$$T\left(\frac{\omega}{2}+\pi\right)\prod_{k=2}^{\infty}\tilde{T}\left(\frac{\omega}{2^k}\right) = e^{jsgn(\omega)\frac{\pi}{2}} \tag{8-46}$$

根据文献[182]中的证明，希尔伯特变换对条件满足当且仅当

$$T(\omega) = e^{-j\frac{\omega}{2}}, \tilde{T}(\omega) = e^{j\frac{\omega}{2}} \tag{8-47}$$

或等价地，有

$$\tilde{A}(\omega) = A(\omega) = 1, \tilde{\theta}(\omega) = -\theta(\omega) = -\frac{\pi}{2} \tag{8-48}$$

8.4.2 二元树复小波变换滤波器设计

图像处理要求滤波器具有线性相位，经典小波系中只有最简单粗糙的哈尔小波才同时满足线性相位和正交性。考虑设计具有线性相位的二元树双正交复小波，其关键在于设计希尔伯特变换对，满足：①尺度与小波构成近似希尔伯特变换对；②完全重构条件（*PR*）；③有限紧支撑（*FIR*）滤波器；④高阶消失矩；⑤线性相位。

设$\{H_0(z),H_1(z);\tilde{H}_0(z),\tilde{H}_1(z)\}$和$\{G_0(z),G_1(z);\tilde{G}_0(z),\tilde{G}_1(z)\}$为两个双正交小波滤波器组，对应的小波函数满足希尔伯特变换对关系：

$$\psi_g(t)\approx H[\psi_h(t)],\tilde{\psi}_h(t)=H[\tilde{\psi}_g(t)] \tag{8-49}$$

双正交滤波器组$\{H_0(z),H_1(z);\tilde{H}_0(z),\tilde{H}_1(z)\}$的分解端和重构端成立以下尺度方程和小波方程：

$$\begin{cases}\varphi_h(t)=\sqrt{2}\sum\limits_n h_0(n)\varphi_h(2t-n)\\ \psi_h(t)=\sqrt{2}\sum\limits_n h_1(n)\varphi_h(2t-n)\end{cases}$$

$$\begin{cases}\tilde{\varphi}_h(t)=\sqrt{2}\sum\limits_n \tilde{h}_0(n)\tilde{\varphi}_h(2t-n)\\ \tilde{\psi}_h(t)=\sqrt{2}\sum\limits_n \tilde{h}_1(n)\tilde{\varphi}_h(2t-n)\end{cases} \tag{8-50}$$

作傅里叶变换得

$$\hat{\varphi}_h(\omega)=\frac{1}{\sqrt{2}}\hat{H}_1\left(\frac{\omega}{2}\right)\hat{\varphi}_h\left(\frac{\omega}{2}\right),\ \hat{\psi}_h(\omega)=\frac{1}{\sqrt{2}}\hat{H}_1\left(\frac{\omega}{2}\right)\hat{\varphi}_h\left(\frac{\omega}{2}\right)$$

$$\hat{\psi}_h(\omega)=\frac{1}{\sqrt{2}}\hat{\tilde{H}}_1\left(\frac{\omega}{2}\right)\hat{\tilde{\varphi}}_h\left(\frac{\omega}{2}\right),\hat{\tilde{\psi}}_h(\omega)=\frac{1}{\sqrt{2}}\hat{\tilde{H}}_1\left(\frac{\omega}{2}\right)\hat{\tilde{\varphi}}_h\left(\frac{\omega}{2}\right) \tag{8-51}$$

滤波器组$\{G_0(z),G_1(z);\tilde{G}_0(z),\tilde{G}_1(z)\}$也有类似表达。

由于两组小波基形成近似希尔伯特变换对，解析函数$\psi_h(t)+j\psi_g(t),\tilde{\psi}_g(t)+j\tilde{\psi}_h(t)$的频率响应在区间$\omega<0$高度抑制，即$\hat{\psi}_h(\omega)+j\hat{\psi}_g(\omega)$与$\hat{\tilde{\psi}}_g(\omega)+j\hat{\tilde{\psi}}_h(\omega)$当$\omega<0$时近似为零。考虑最优化问题

$$\max\hat{w}_1=\frac{\max(|\hat{\psi}_h(\omega)+j\hat{\psi}_g(\omega)|^2+|\hat{\tilde{\psi}}_g(\omega)+j\hat{\tilde{\psi}}_h(\omega)|^2)}{\int_{-\infty}^{0}(|\hat{\psi}_h(\omega)+j\hat{\psi}_g(\omega)|^2+|\hat{\tilde{\psi}}_g(\omega)+j\hat{\tilde{\psi}}_h(\omega)|^2)\mathrm{d}\omega} \tag{8-52}$$

因为复小波边缘刻画能力主要体现在分解端,上式可简化为

$$\max \frac{\max(|\hat{\psi}_h(\omega)+j\hat{\psi}_g(\omega)|^2)}{\int_{-\infty}^{0}(|\hat{\psi}_h(\omega)+j\hat{\psi}_g(\omega)|^2)\mathrm{d}\omega} \tag{8-53}$$

算法 8.1　二元树复小波双正交希尔伯特变换对的构造[28]

(1)给定消失矩 $P_l,\tilde{P}_l,h,g$ 和滤波器长度 $L_l,\tilde{L}_l$,建立两棵复小波分树;

(2)求出两棵分树对应的含双正交小波系统参数 t 的滤波器系数 $\{h_0(n),h_1(n),\tilde{h}_0(n),\tilde{h}_1(n)\}$ 和含参数 s 的滤波器系数 $\{g_0(n),g_1(n),\tilde{g}_0(n),\tilde{g}_1(n)\}$,确定参数 t 和参数 s 的取值范围;

(3)根据滤波器系数和双尺度方程,求出 $\hat{\psi}_h(\omega),\hat{\psi}_g(\omega)$ 的表达式(含参数);

(4)设参数集 $\gamma=(t,s)$,求角度

$$\arg\max_{\gamma} \frac{\max(|\hat{\psi}_h(\omega)+j\hat{\psi}_g(\omega)|^2)}{\int_{-\infty}^{0}(|\hat{\psi}_h(\omega)+j\hat{\psi}_g(\omega)|^2)\mathrm{d}\omega} \tag{8-54}$$

得到最优参数:$\gamma*=(t^*,s^*)$。

8.5　复小波在图像去噪中的应用

8.5.1　复小波域内利用尺度间和尺度内相关性的图像去噪

经典小波重构图像边缘常出现“振铃”(Ringing effect)等失真。二元树复小波变换具有近似平移不变性和良好的方向性、有限数据冗余度以及完全重构(PR)条件等优点,在复小波域的去噪算法比在实小波域内更有效。二元树复小波分解的子图方向分配如图 8-6 所示。

设第 j 层复小波分解得到的四个分树子图分量为 $t_A^{j,k},t_B^{j,k},t_C^{j,k},t_D^{j,k},k=1,2,3$,其组合可视为如下复信号 $S_{signj,k},sign=+,-$ 的实部和虚部:

$$\begin{cases} S_+^{j,k}=(t_A^{j,k}-t_D^{j,k})+j(t_B^{j,k}+t_C^{j,k}) \\ S_-^{j,k}=(t_A^{j,k}+t_D^{j,k})+j(t_B^{j,k}-t_C^{j,k}) \end{cases} \tag{8-55}$$

即每层分解得到六个方向的复子图信号。

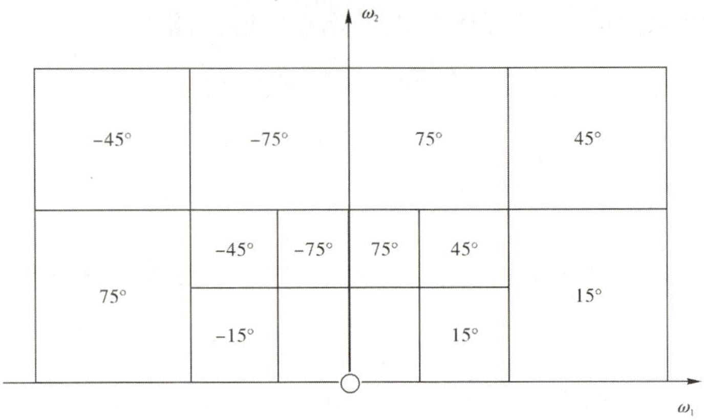

图 8-6　二元树复小波分解的子图方向分配图

8.5.2 基于二元树复小波变换的去噪算法

考虑对方差为 $\sigma_n{}^2$ 的高斯白噪声污染的图像去噪。设原图和含噪图像小波系数为 w_1, y_1，邻域系数 w_2, y_2，其中 $w_2 = \sum_i W_i \ |Nw_i|^2, y_2 = \sum_i W_i \ |Ny_i|^2$。

将复小波域的去噪问题描述为：

$$y_1 = w_1 + n_1, y_2 = w_2 + n_2 \qquad (8-56)$$

其中 n_1, n_2 为当前尺度和邻域的噪声。写成向量形式为：

$$y = w + n \qquad (8-57)$$

给定向量观测值 y，关于 w 的标准最大后验概率估计(MAP)为

$$\hat{w}(y) = \arg\max_{w} p_{w|y}(w|y) \qquad (8-58)$$

根据条件概率计算的乘法公式，上式即

$$\hat{w}(y) = \arg\max_{w} p_n(y-w)p_w(w) \qquad (8-59)$$

由高斯噪声假设，概率密度函数为

$$p(n_1, n_2) = \frac{1}{2\pi\sigma_n{}^2}\exp\left(-\frac{n_1{}^2 + n_2{}^2}{2\sigma_n{}^2}\right) \qquad (8-60)$$

用非高斯双变量模型表示当前层系数与其邻域系数之间的依赖关系，即

$$p(w_1, w_2) = \frac{3}{2\pi\sigma_s{}^2}\exp\left(-\frac{\sqrt{3}}{\sigma_s}\sqrt{w_1{}^2 + w_2{}^2}\right) \qquad (8-61)$$

其中 σ_s 表示无噪小波系数的标准差。由此可得 w_1 的最大后验概率(MAP)估计为

$$\hat{w}_1 = \frac{\left(\sqrt{y_1{}^2 + y_2{}^2} - \frac{\sqrt{3}\sigma_n{}^2}{\sigma_s}\right)_+}{\sqrt{y_1{}^2 + y_2{}^2}} y \qquad (8-62)$$

这正是阈值为 $T_{bishrink}=\frac{\sqrt{3}\sigma_n{}^2}{\sigma_s}$ 的双变量(小波系数和邻域系数)收缩函数。其中 σ_n 是噪声标准差,可用最精细尺度上的小波系数来估计。

根据信号复小波系数的平均标准差特性,给定如下自适应阈值:

$$T_{new}=\frac{1}{\sum_s 2^{-s}}2^{-\left(-\frac{\sigma_{s,j}^2}{\sigma_n}\right)}T_{bishrink} \tag{8-63}$$

其中,$\sigma_{s,j}$ 是原图尺度为 s 的复小波系数在子图 j 内的标准差。

算法 8.2　复小波域尺度相关性图像去噪算法

(1)对图像作复小波分解,得到低频和高频子图;

(2)在各尺度上求解高频子图邻域系数;

(3)设 $N(k)$ 是系数的邻域,M 是 $N(k)$ 内的系数数目。用最大似然估计计算原图方差

$$\hat{\sigma}_s=\sqrt{\max\left(0,\frac{1}{M}\sum_{i\in N(k)} real\,(y[i])^2-\sigma_n{}^2\right)} \tag{8-64}$$

(4)把双变量收缩阈值 $T_{bishrink}=\frac{\sqrt{3}\sigma_n{}^2}{\sigma_s}$ 用新阈值 T_{new} 代替,估计去噪后的系数,

(5)作复小波逆变换,重构图像 $\hat{I}$。

8.5.3　复小波去噪仿真实验

复小波去噪实验用 640×640 的北京地区遥感图像作为原图,加入均值为 0,标准差 $\sigma_n=20$ 的高斯白噪声。算法充分利用了复小波的平移不变性和好的方向选择性,降噪效果较好。

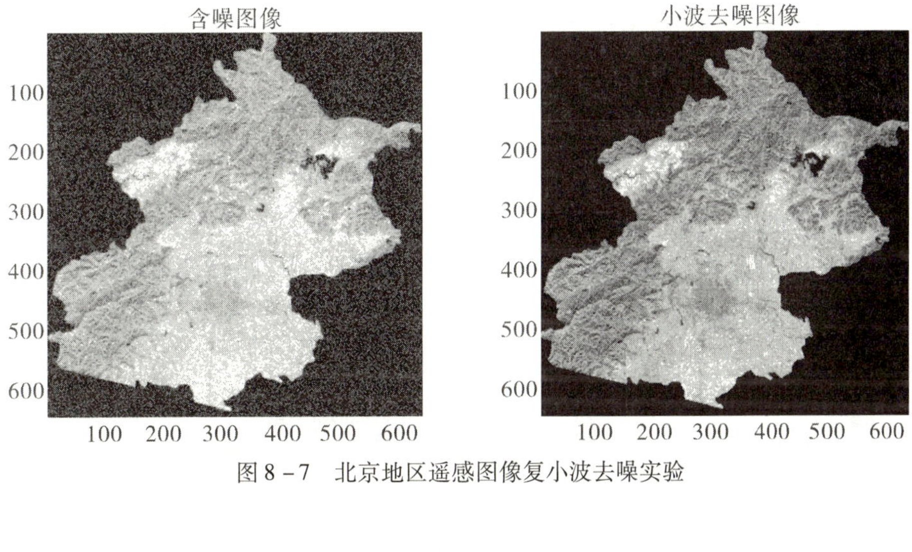

图 8-7　北京地区遥感图像复小波去噪实验

8.6 本章小结

本章对复小波基本概念和小波域图像去噪基本理论作了简单介绍，主要包括双正交完全重构滤波器理论和二元树复小波变换，包括近似平移不变性、方向选择性及其实现问题，重点研究了希尔伯特变换对和二元树复小波变换的设计、双变量收缩函数和复小波域内基于系数尺度相关性的图像去噪算法，并进行了去噪仿真实验。

第9章 总结与展望

9.1 总结：小波图像处理的成果与问题

本书系统总结了经典小波理论的源流与发展，以及新型小波系统的发展沿革和现状，阐述了新型小波系统与相应滤波器结合用于图像处理的主要思想和算法，以及存在的问题和改进的方向。本书使用小波阈值去噪方法对一维音乐信号（含有噪声的歌曲片段）和二维标准图像（包括 Lena 图和 Boats 图）进行了去噪仿真实验。我们从纹理图像的角度理解地图，将遥感图像作为特殊的纹理图像类型，用离散小波框架变换加以分割与刻画。比较了基于全局和局部对偶框架的 GDF 算法和 LDF 算法，将坎德斯提出的快速离散曲波算法应用于遥感图像处理，并把测地线活动轮廓（GAC）用曲波演化方法进行多尺度改进，获得曲波测地线蛇形活动轮廓（CGS）。构造了箕舌线函数形式的边界探测函数。

地图图像处理仍有许多问题悬而未决，例如，计算量庞大、曲线演化复杂、正交与对称性的测不准（不可或不易兼得）、边界地图重构的失真等。面向问题，如何提高算法效率、简化逼近模式、优化小波基，把快速离散算法向非采样小波变换、复小波变换和二代曲波变换等推广，这些都是有待进一步深研的方向。

9.2 展望：全息地图概念构想

地图，已经从古老的羊皮纸上的二维平面地图发展到现在的三维立体地理信息系统，未来会诞生什么样的地图？我认为不妨先称之为“全息地图”，缩写为 ASG（All Sensing Graph）或 AIG（All Information Graph）。“街景地图”的出现和流行，预示了这种趋势的到来。

全息地图的特征是：它应当是一张“真正的”地图，和人们用所有感官感受到的真实地球一致，即视觉＋听觉，未来更可能添加嗅觉和触觉，所有的要素都是高度仿真的，这有赖于地图载体硬件的功能。例如,带有实地音频捕捉和传输功能的 GPS 或北斗卫星导航仪,或集中了地图搜索与投影展示功能的手机。如今人们在 4D 影院里所感知到的东西,在一张地图里你可以完美体验,而且“本片并非虚构”。其主要特征包括:

1. 多维的(Multi - Dimension):区别于目前简单的二维平面或三维街景图,更加包含了一维的声音(如飞机的黑匣子保留的座舱通话记录单纯保留声音),人类的视觉与听觉对地理信息的捕获。地物周边的声音不可能全部收纳亦无必要,但应包含最主要的声音。如在交通工具(飞机、火车、轮船、汽车)上采集的信息可以考虑包括:发动机声音、驾驶员语音、交通环境,这些信息可以通过安装在交通工具上的终端设备采集,并实时发送到卫星上的服务器,在传输地图数据时同步添加进来。

2. 实时的(Real - Time):区别于目前的绘图流程——卫星拍照、数据传输(发送地面)、数据解译、可视地图(转化为谷歌或北斗地图等),一系列分解与重构造成地图绘制的滞后与失真(如嫦娥月球车拍摄的全月地图,需花费数小时甚至几天后才能得到完整清晰的图像)。全息地图应当是实时的,如同一张白纸从复印机的此端到彼端,完成所有工作且并不考验大众的耐心。这必然饱含海量的大数据,但依目前的技术已具备可能。

3. 动态的(Dynamic - Motion):区别于目前的静态地图,未来的地图应当具有视频(Audio & Video)的属性,事实上地球和景物每时每刻都在变化,我们此刻绘制的地图在下一秒已成历史。在发送端,卫星上的 CCD 相机可以华丽变身为 24 帧连拍的电影摄像机,而在接收端,手机用户应当可以自由选择观看完整的地理视频还是某一刻的静止画面,即全息地图还是传统地图。GIF 动画地图实际上已经是视频地图的雏形,但还缺少一维的声音,而带有语音的视频则可完全满足需要。

多尺度分析方法接近于人眼的视觉系统,具有“仿生”的特性,这是小波图像处理的渊源所自,也是它的核心优势。遥感图像是多尺度地图的典型体现:从低空的气球、中空的航空遥感测量飞机、高空的侦察机(例如 U2)到大气层外太空的卫星、飞船与轨道空间站,观测地球的尺度不断放大,获取的地图面貌也逐渐多样。同理,Snake 蛇形活动轮廓由于模拟了地物真实的曲线边界,从而比传统的线性逼近更为优越。可以预见,高仿生的方法将带来高仿真的地图,战斗机即便做不到和蜻蜓与蝴蝶一样翻飞自如,至少设计师们在朝这个方向努力。适用地图处理的小波家族的大规模扩张与完善,也会始终向着敏锐的鹰眼或多彩的复眼靠拢,无限接近于生命本身的奇妙与伟大。

后　记

“莫等闲，白了少年头。”岳飞《满江红》中的慨叹，自始就鞭策着我须要惜时如金，奋发努力，不负少年头。而今来到北京中国地质大学教书和读书，匆匆竟已十年。少年头虽然未白，少年的面容却也有沧桑之象了。

我生在阿勒泰巍巍雪山环抱的河谷里，小时候就喜欢在山中闲游，天不怕地不怕，有时踏雪上山，唱歌自 high，月到中天时才飞奔下山，不知十几岁的少年何来这等勇气，大约那时候这世界坏人尚少吧。小学毕业，暑假时参加了新疆地质四大队和学校联合开办的“地质夏令营”，养成了对地质和地理的浓厚兴趣。从此每逢上山，常常不辞辛苦，捡些五彩斑斓、奇形怪状的石头背回家来，放进我的“百宝箱”。但未料到，与大地科学的这一因缘一结便是数十年。

我在母校山东大学读的是数学专业，那是纯理科。到了地质大学，在职攻读地图制图学与地理信息工程的博士学位，却是工学。若说二者间有何关联，那就是作为数学分支的小波分析与地图制图和遥感图像处理之间的紧密联系了。这也可谓无心插柳了。

事实上，我自工作以后，几乎全副心思都投入到备课著书和教学生上，险些荒废了我的专业，即使这些起早贪黑的努力远不如发表一篇 SCI 文章更能给我带来动人的实惠。2004 年春，小波的奠基人之一马拉（S. Mallat）到中国科学院演讲，在计算机研究所读博的好友李振波兴冲冲地电话通知我。我正在综合楼给学生上“概率论与数理统计”，下课后飞奔下楼，打算骑车赶到保福寺，时间还来得及。孰知锁在楼下崭新的“永久”自行车不翼而飞，公交车又堵在路上，终于错过了与大师见面的机会。

这本小册子的框架，是基于我的博士学位论文。论文始撰于 2008 年，奥运会圣火方熄之时，磋砣六载，今始告成。本书曾经得到我的导师王群教授、北京工业大学何泾沙教授、北京邮电大学孟祥武教授、中国地质大学管建和、姚国清、刘湘南教授的审阅，特此致谢！小波的理论与应用日益丰富，有关纯粹数学领域和其他应用领域的许多内容未囊括在本书中，盼望来日时机成熟时，可以有更深入和广泛的研究成果与同道共享。而限于作者的学力浅薄，此书的瑕疵和不足也是显而易见的，真诚等候仁智之士的指点教正，不胜感激！

参考文献

[1] [美国]崔锦泰(C. K. Chui). 小波分析导论[M]. 程正兴译. 西安:西安交通大学出版社,1997.

[2] Daubechies, Ingrid . Ten Lectures on Wavelets [M]. Montpelier : Capital City Press, 1992.

[3] Mallat,Stephane. A Wavelet Tour of Signal Processing[M], San Diego :Academic Press, 1998.

[4] Meyer, Yves. Wavelets and Operators [M], Cambridge : Cambridge University Press,1992.

[5] Daubechies,Ingrid. Where do wavelets come from? – A personal point of view[M],Princeton University,1998.

[6] Farge M. Wavelets, Fractals, 傅里叶 Transforms[M], Oxford :Clarendon Press, ,1993.

[7] Kaiser,Gerald . A Friendly Guide to Wavelets[M], Lowell: University of Massachusetts at Lowell. 1994.

[8] 谢杰成,张大力,徐文立. 小波图像去噪综述[J]. 中国图像图形学报. 2002,7(3):209~217.

[9] Vidakovic B,Lozoya C B. On time – dependent wavelet denoising. IEEE Trans. Signal Processing,1998,46(9):2549~2551.

[10] 张德丰. MATLAB 小波分析[M]. 北京:机械工业出版社,2009.

[11] 邓承志. 基于小波变换图像去噪研究:[硕士学位论文]. 江西:江西师范大学,2005.

[12] 宋玲珍. 基于小波变换的自适应图像去噪算法:[硕士学位论文]. 河南:河南大学,2006.

[13] 石洪波. 基于小波变换的图像去噪算法研究:[硕士学位论文]. 吉林:吉林大学,2007.

[14] Donoho D L,Johnstone I M. Ideal Spatial adaptation via waveletshrinkage. Biometrika, 1994,81:425~455.

[15] Donoho D L, Johnstone I M. Kerkyacharian G et al. Wavelet shrinkage: asymptotic. Jour-

nal of royal statistics society series(B),1995,57:301～369.

[16] Krim H,Pesquet J C. On the statistics of best bases criteria. In:Antoniadis A,Oppenheim G edis. Wavelets in statistics of Lecture Notes in Statistics. New York: Springer－Verlag, 1995: 193～207.

[17] 成礼智等. 小波的理论与应用[M]. 北京:科学出版社,2004.

[18] 李建平. 小波分析与信号处理[M]. 重庆:重庆出版社,2001.

[19] Donoho D L. Wavelet thresholding and W. V. D:A 10－minute tour. Toulouse,France: Conf on Wavelet and Applications, 1992.

[20] 孙伟峰,何俊华. 基于多小波变换的图像去噪新方法[J]. 光子学报. 2008,37(11): 2360～2364.

[21] 门涛,陈建安. 基于平滑阈值函数的小波图像去噪[J]. 计算机工程与科学. 26(8): 50～52. 2004.

[22] 董长虹等. Matlab 小波分析工具箱原理与应用[M]. 北京:国防工业出版社,2004.

[23] 乔玉龙. 小波在纹理图像处理中的应用研究:[工学博士学位论文]. 哈尔滨:哈尔滨工业大学,2006.

[24] 白键. 脊波、曲线波和偏微分方程在图像处理中的算法研究:[工学博士学位论文]. 西安:西安电子科技大学,2007.

[25] 孙红光. 基于小波分析的军事目标识别及跟踪方法研究:[工学博士学位论文]. 长春:长春理工大学,2008.

[26] 黄登山. 像素级遥感影像融合方法研究:[工学博士学位论文]. 长沙:中南大学,2011.

[27] 单昊. 基于几何小波的多目标图像分割与地震去噪:[工学博士学位论文]. 北京:清华大学,2010.

[28] 严奉霞. 复数小波理论及其在图像去噪与增强中的应用研究:[理学博士学位论文]. 长沙:国防科学技术大学,2007.

[29] 田养军. 基于提升小波分解曲波变换的多源遥感图像融合方法研究:[工学博士学位论文]. 西安:长安大学,2009.

[30] Coifman R R and Wickerhauser M V Entropy based algorithms for best basis selection. IEEE Trans. Information Theory, 38(2): 713－718,1992.

[31] F. W. Campbell and J. G. Robson. Application of Fourier Analysis to theVisibility of Gratin. Journal of Physiology, 1968, 197: 551～566.

[32] P. Brodatz. Textures: A Photographic Album for Artists and Designers. New York, Dover, 1966.

[33] M. Tuceryan and A. K. Jain. Texture Analysis. In C. H. Chen, L. F. Pau, P. S. P. Wand (eds.) The Handbook of Pattern Recognition and Computer Vision, World Scientific Publishing Co., 1998:207 ~ 248.

[34] 向世明. 纹理图像统计及其应用研究:[博士学位论文]. 北京:中国科学院计算技术研究所. 2004.

[35] H. Tamura, S. Mori and Y Yamawaki. Texture Features Corresponding to Visual Perception. IEEE Trans. System, Man, Cybernetics, 1978, 8:460 ~ 473.

[36] J. Sklansky. Image Segmentation and Feature Extraction. IEEE Trans. System, Man, Cybernetics, 1978, 8:23 72 ~ 74.

[37] R. M. Aralick. Statistical and Structural Approaches to Texture. Proceedings of the IEEE, 1979, 67: 786 ~ 804.

[38] J. K. Hawkins. Textural Properties for Pattern Recognition. In B. Lipkinand A. Rosenfeld (eds.) Picture Processing and Psychopictorics, Academic Press, New York, 1969.

[39] 张建国. 不变性纹理分析:[博士学位论文]. 北京:中科院自动化所. 2002.

[40] M. N. Do and M. Vetterli. Wavelet – Based Texture Retrieval Using Generalized 高斯 Density and Kullback – Leibler Distance. IEEE Trans. Image Processing, 2002, 11(2): 146 ~ 158.

[41] L. Chen and H. Man. Hybrid IMM/SVM Approach for Wavelet – domainProbabilistic Model Based Texture Classification. IEE Proc. Vision, Image &Signal Processing, 2005, 152(6): 724 ~ 730.

[42] M. S. Crouse, R. D. Nowak and R. G Baraniuk. Wavelet – based Statistical Signal Processing Using Hidden Markov Models. IEEE Trans. Signal Processing, 1998, 46(4): 886 ~ 902.

[43] H. Choi and R. G Baraniuk. Multiscale Image Segmentation Using Wavelet – domain Hidden Markov Models. IEEE Trans. Signal Processing,2001, 10(9): 1309 ~ 1321.

[44] G L. Fan and X. G Xia. Wavelet – Based Texture Analysis and SynthesisUsing Hidden Markov Models. IEEE Trans. Circuits and Systems I: Fundamental Theory and Applications, 2003, 50(1):106 ~ 120.

[45] J. Zhang, D. Wang and Q. N. Tran. A Wavelet – based Multi – resolution Statistical Model for Texture. IEEE Trans. Image Processing, 2002, 11(2):146 ~ 158.

[46] T. H. Chang and C. J. Kuo. Texture Analysis and Classification with Tree – structured Wavelet Transform. IEEE Trans. Image Processing, 1993, 2(4): 429 ~ 443.

[47] A. Laine and J. Fan. Texture Classification by Wavelet Packet Signatures. IEEE Trans.

Pattern Analysis and Machine Intelligence, 1993, 15(11):1186 ~ 1191.

[48]王晓丹等.基于不完全树结构小波变换及模糊聚类神经网络的纹理分割.小型微型计算机系统,2001, 22(3): 3253 ~ 2882.

[49] R. Manthalkar, P. K. Biswas and B. N. Chatterji. Rotation and Scale Invariant Texture Features Using Discrete Wavelet Packet Transform. Pattern Recognition Letters, 2003, 24(14): 2455 ~ 2462.

[50] C. M. Pun and M. C. Lee. Lob – Polar Wavelet Enemy Signatures for Rotation and Scale Invariant Texture Classification. IEEE Trans. Pattern Analysis and Machine Intelligence, 2003, 25(5): 590 ~ 603.

[51] M. Unser. Texture Classification and Segmentation Using Wavelet Frames. IEEE Trans. Image Processing, 1995, 4(11):1549 ~ 1560.

[52] G. V. Wouwer, P. Scheunders and D. V Dyck. Statistical Texture Characterization from Discrete Wavelet Representation. IEEE Trans. Image Processing, 1995, 8 (4): 592 ~ 598.

[53] 吴均,赵忠明.利用基于小波的尺度共生矩阵进行纹理分析[J].遥感学报.2001, 5 (2): 100 ~ 103.

[54] A. Tabesh. Zero – crossing Rates of Wavelet Frame Representations for Texture Classification. Electronics Letters, 2002, 38(22): 1340 ~ 1341.

[55] S. Liapis and G. Tziritas. Color and Texture Image Retrieval Using Chromaticity Histograms and Wavelet Frames. IEEE Trans. on Multimedia 2004, 6(5): 676 ~ 686.

[56] A. Laine and J. Fan. Frame Representation for Texture Segmentation. IEEE Trans. Image Processing, 1996, 5(5): 771 ~ 780.

[57] X. Y Jiang and R. C. Zhao. Texture Segmentation Based on Incomplete Wavelet Packet Frame. International Conference on Machine Learning and Cybernetics, 2003, 5:3172 ~ 3177.

[58] N. G. Kingsbury. Image Processing with Complex Wavelet. Phil. Trans. Roy. Soc. London A, 1999, 357: 2543 ~ 2560.

[59] P. F. C. Rivaz. Complex Wavelet Based Image Analysis and Synthesis. University of Cambridge PHD dissertation. 2000.

[60] C. W. Shaffrey, I. Jermyn and N. G Kingsbury. Unsupervised Image Segmentation via Markov Trees and Complex Wavelets. International Conference on Image Processing, 2002, 3:801 ~ 804.

[61] J. Sun, C. Gu, S. Zhang and Y Chen. Hidden Markov Bayesian Texture Segmentation U-

sing Complex Wavelet Transform. IEE Proc. Vision, Image & Signal Processing, 2004, 151(3): 215 ~ 223.

[62] S. Hati Poglu. Adaptive Image Analysis Using Complex Wavelet Packet Transforms. University of California PH. D dissertation. 2001.

[63] M. Acharyya and M. K. Kundu. An Adaptive Approach to Unsupervised Texture Segmentation Using M - band Wavelet Transform. Signal Processing, 2001, 81: 1337 ~ 1356.

[64] 李峰,陈志坚,蔡碧野. 一种基于三进制小波变换的纹理分割方法. 计算机应用研究. 2004, 21(2): 248 ~ 249.

[65] 程起敏,杨崇俊,邵振峰. 基于多进制小波变换的渐进式纹理图像检索. 武汉大学学报信息科学版, 2005, 30(6): 521 ~ 524.

[66] M. Acharyya, R. K. De and M. K. Kundu. Extraction of Feature Using M - band Wavelet Packet Frame and Their Neuro - fuzzy Evaluation for Multitexture Segmentation. IEEE Trans. Pattern Analysis and Machine Intelligence, 2003, 25(12): 1639 ~ 1644.

[67] N. D. Kim and S. Udpa. Texture Classification Using Rotated Wavelet Filters. IEEE Trans. Systems, Man, and Cybernetics I: Systems and Humans, 2000, 30(6): 847 ~ 852.

[68] M. Kokare, P. K. Biswas and B. N. Chatterji, Texture Image Retrieval Using New Rotated Complex Wavelet Filters. IEEE Trans. Systems, Man, and Cybernetics II: Cybernetics, 2005, 35(6): 1168 ~ 1178.

[69] H. C. Hsin and C. C. Li. An Experiment on Texture Segmentation Using Modulated Wavelets. IEEE Trans. Systems, Man, and Cybernetics I: Systems and Humans, 1998, 28(5): 720 ~ 725.

[70] H. C. Hsin. Texture Segmentation Using Modulated Wavelet Transform. IEEE Trans. Image Processing, 2000, 9(7): 1299 ~ 1302.

[71] M. Kokare, B. N. Chatteerji and P. K. Biswas. Cosine - modulated Wavelet Based Texture Feature for Contend - based Image Retrieval. Pattern Recognition Letters, 2004, 25: 391 ~ 398.

[72] J. W. Wang. Multi - wavelet Packet Transforms with Application to Texture Segmentation. Electronics Letters, 2002, 38(18): 1021 ~ 1022.

[73] A. K. Jain and F. Farrokhnia. Unsupervised Texture Segmentation Using Gabor Filters. Pattern Recognition, 1991, 24(12): 1167 ~ 1186.

[74] A. Y. Ng, M. I. Jordan and Y. Weiss. On Spectral Clustering: Analysis and an Algorithm. In Advances in Neural Information Processing Systems, 2001, 14: 849 ~ 856.

[75] M. Girolami. Mercer Kernel - based Clustering in Feature Space. IEEE Trans. Neural Networks, 2002, 13(3): 780 ~ 784.

[76] F. Camastra and A. Verri. A novel kernel method for clustering. IEEE Trans. Pattern Analysis and Machine Intelligence, 2005, 27(5): 801 ~ 805.

[77] CandesE. J. Harmonic analysis of neural networks. Applied and Computational Harmonic Analysis, 1999, 6(2): 197 ~ 218.

[78] Candes E. J. Ridgelets: Theory and applications. Ph. D thesis. USA: Department of Statistics, Stanford University, 1998.

[79] HOU Biao, JIAO Li - Cheng, LILJ Fang. Image denoising based on ridgelet. 2002 6thInternational Conference on Signal Proceedings. Beijing, China, 2002, 780 ~ 783.

[80] David. L. Donoho: Orthonormal Ridgelet And Linear Singularities. SIAM. MATH. ANAL. Vol 31, No. 5, pp, 1062 ~ 1099.

[81] Do M N and Vetterli M. The finite ridgelet transform for image representation. IEEE Trans on Image Processing, 2003, 12(1): 16 ~ 28.

[82] Matus F and Flusser J. Image representations via a finite Radon transform. IEEE Trans on Pattern Analysis and Machine Intelligence, 1993, 15(10): 996 ~ 1006.

[83] Kelly B T and Madisetti V K. The fast discrete Radon transform. IEEE Trans on Image Processing, 1993, 2(3): 382 ~ 400.

[84] J Beylkin G. Discrete Radon Tansform. IEEE Tans ASSP, 1987:35(1): 162 ~ 172.

[85] A. Averbuch, . R. Coifman, D. L. Donoho, M. Israeli, J. Walden: Fast Slant Stack: Anotion of Radon Transform for Data in a Cartesian Grid which is Rapidly Computible, Algebraically Exact, Geometrically Faithful and Invertible. http://www. stat. Stanford. edu/ Donoho /Report.

[86] Stephan Mallat: 信号处理的小波导引[M]. 杨力华等译. 北京:机械工业出版社,2003.

[87] 冯象初,甘小冰,宋国乡. 数值泛函与小波分析[J]. 西安:西安电子科技大学出版社,1997.

[88] David L. Donoho and Ana Georgina Flesia: Digital Ridgelet Transform based on True Ridge Functions. http://www. stat. Stanford. edu/Donoho/Report.

[89] E. J. Candes, Donoho D L. Curvelets - A Surprising effective non - adaptive representation for objects with edges. Curve and Surface Fitting, Nashville: Vanderbilt University Press, 1999.

[90] Donoho D L, Duncan M R. Digital curvelet transform: Strategy, implementation and ex-

periments. Proc. SPIE, Wavelet Application VII. Orlando, USA, 2000, 40 ~ 56, 12 ~ 29.

[91] J. L. Starck, E. J. Candes, D. L. Donoho: The Curvelet transform for image denoising [J]. IEEE Trans. Image Proc, 2002, 11(6): 670 ~ 684.

[92] L. I. Rudin, S. Osher, and E. Fatemi, Nonlinear total variation based noise removal algorithms, Physica D, Vol. 60, pp. 259 ~ 268, 1992.

[93] Y Meyer. Oscillating patterns in image processing and nonlinear evolution equations. University Lecture Series, Vol. 22, Amer. Math. Soc., Providence, 2001.

[94] Vese L A, Osher S J. Modeling textures with total variation minimization and oscillating patterns in image processing. Journal of Scientific Computing, 2003, 19 (1/3): 553 ~ 572.

[95] Aujol J F, Chambolle A. Dual norms and image decomposition models. International Journal of Computer Vision, 2005, 63(1): 85 ~ 104.

[96] Levines E. Anadaptive variational model for image decomposition. http://ddma. lanl. gov/public/speaker/2005 - 03 - 21713h30. shtml.

[97] Chan T F, Esedoglu S, Frederick E P. Image decomposition combining staircase reduction and texture extraction. http: //www. math. ucla. edulapplied/cam/.

[98] Daubechies I. Teschke G Variational image restoration by means of wavelets: Simultaneous decomposition, deblurring, and denoising. Applied and Computational Harmonic Analysis, 2005, 19(1): 1 ~ 16.

[99] Strack J L, Elad M, Donoho D L. Image decomposition via the combination of sparse representations and a variational approach. IEEE Trans. Image Processing, 2005, 14 (10): 1570 ~ 1582.

[100] BAI Jian, FENG Xiang - Chu. Digital ridgelet reconstruction based on local dual frame. Science in China Series F: Information Science, 2005, 48(6): 782 ~ 794.

[101] Candes E J, Demanet L, Donoho D L, Ying L. Fast discrete curvelet transforms. http://www. acm. caltech. edu/} demanet/papers/FDCT. pdf.

[102] Marcelja S. Mathematical description of the responses of simple cortical cells[J]. Journal of Optical Society of America. 1980, Vol 70(11): 1297 ~ 1300.

[103] Daugman J G. Two - Dimensional Spectral Analysis of Cortical Receptive Field Profile. Vision Research. 1980, vol 20(10): 847 ~ 856.

[104] Gabor D. Theory of communication[J]. Journal of the Institute of Electrical Engineers. 1946, Vo193(26): 429 ~ 457.

[105] Eberhart, R. and Kennedy, I. Anewon Micro Machine and Human Science. 1995 optimizer using particle swarm theory, Proc. 6 Int. Symposium. 39 ~ 43.

[106] Daubechies, I. And Sweldens, W. Factoring wavelet transforms into lifting steps, J. 傅里叶 Anal. Appl. 1998, Vol. 4:247 ~ 269.

[107] R. Mehrotra, Gaborfilter – based edgedetection[J]. Pattern Recognition. 1992, Vol 25 (12):1479 ~ 1494.

[108] G. Chang, B. Yu, and M. Vetterli. Spatially adaptive wavelet thresholding with context modeling forimage denoising, IEEE Trans. Image Processing. 2000, vol, 9(9): 1522 ~ 1531.

[109] 彭楠,何小海,汪华章等. 基于样条小波和 Gabor 小波的边缘检测[J],成都信息工程学院学报,2007, 22(2) :195 ~ 197.

[110] Jones J P, Palmer L A. An evaluation of the two – dimensional Gabor filter fields in cat striate cortex[J]. Journal ofNeurophysiology. 1987, vol58(6) model of simple receptive:1233 ~ 1258.

[111] 林立宇,张友炎,孙涛等. Contourlet 变换:影像处理应用[M]. 北京:科学出版社. 2008.

[112] 成礼智,王红霞,罗永等. 小波的理论与应用[M]. 北京:科学出版社. 2004.

[113] Minh N. Do, and Martin Vetterli. Frame Pyramids[J]. IEEE Transactions on Singal Processing. 2003, 51(9):2329 ~ 2341.

[114] 喻汉龙,余胜生,周敬利等. 一种基于改进的 contourlet 变换的图像压缩算法[J]. 计算机工程与应用. 2005, 41(14):40 ~ 43.

[115] Minh N. Do, Vetterli. The contourlet transform: An efficient directional multiresolution image representation[J]. IEEE Transactions on image processding. 2005, 14(12): 2091 ~ 2106.

[116] Cunha, A. L., J. Zhou, M. N. Do. The nonsubsampled contourlet transform: Theory, design, and applications[J]. IEEE Transactions on Image Processing. 2006, 15(10): 3089 ~ 3101.

[117] Bamberger, R. H., M. J. T. Smith. A filter bank for the directional decomposition of images: Theory and design[J]. IEEE Transactions on Acountics, Speech, and Signal Processing. 1992, 40(4):882 ~ 893.

[118] 倪伟,郭宝龙,杨镠等. 基于 Contourlet 区域对比度的遥感图像融合算法[J]. 宇航学报. 2007, 28(2):364 ~ 369.

[119] Osher S, Fedkiw R. Level set methods: An overview and some recent results. J Comput

Phys, 2001, 169: 463 - 502.

[120] 李晖晖,郭雷,刘航等. 基于梯度选取规则的小波变换在图像融合中的研究[J]. 计算机工程与应用. 2005, 41(12):76 ~ 78.

[121] David A Yocky. Multiresolution wavelet decomposition image merger of Landsat thematic mapper and SPOT panchromatic data[J]. Photogrammetric Engineer &Remote Sensing. 1996, 62: 1067 ~ 1074.

[122] J. Zhou, D. L. Civco, J. A. Silander A wavelet transform method to merge landsat TM and SPOT panchromatic data[J]. International Journal of Remote Sensing. 1998, 19 (4):743 ~ 757.

[123] Thierry Ranchin, Lucien Wald. Fusion of high spatial and spectral resolution images: The ARSIS concept and its implementation[J]. Photogrammetric Engineer & Remote Sensing. 2000, 66:49 ~ 61.

[124] Burt, P. J. A gradient pyramid basis for pattern - selective image fusion[J]. Proceedings of the Society for Information Display. 1992:467 ~ 470.

[125] 叶传奇,苗启广,王宝树等. 基于区域分割和 Contourlet 变换的图像融合算法[J]. 光学学报. 2008, 28(3):447 ~ 453.

[126] Bruno Garguet - Duport, Jacky Girel, Jean - marc Chassery, and Guy pautou. The use of multi - resolution analysis and wavelets transform for merging SPOT panchromatic and multispectral images data[J]. Photogrammetric Engineer& Remote Sensing. 1996, 62:1057 ~ 1066.

[127] Gonzalez - Audicana M, Saleta J L, Catalan R G, etal. Fusion of multispectraland panchromatic images using improved IHS and PCA mergers based onwavelet decomposition [J]. IEEE Transation Geoscience and Remote Sensing. 2004, 42(6):1291 ~ 1299.

[128] Jorge Nunze, Xaviern Otazu, Octavin Fors etc. Multiresolution - based image fusion with additive wavelet decomposition[J]. IEEE Transactions on Geoscience and Remote Sensing. 1999, 37:1204 ~ 1211.

[129] Zhang, Y, G Hong. An IHS and wavelet integrated approach to improvepan - sharpening visual quality of natural colour IKONOS and Quick Bird images[J]. Information Fusion. 2005, 6(3):225 ~ 234.

[130] 袁天鑫. 最佳估计原理[M]. 北京:国防工业出版社. 1980.

[131] Pradhan, P. S. , R. L. King, N. H. Younan et al. Estimation of the number of decomposition levels for a wavelet - based mult - resolution multi - sensor image fusion[J]. IEEE Transactions on Geoscience and Remote Sensing. 2006, 44(12):3674 ~ 86.

[132] 李晖晖,郭雷,刘航等. 基于不同类型小波变换的 SAR 与可见光图像融合研究[J]. 光子学报. 2006, 35(8):1263 ~ 1266.

[133] Gang Hong, Yun Zhang. High resolution image fusion based on wavelet and IHS transformations. Berlin, Germany: IEEE. 2003: 99 ~ 104.

[134] Chibani, Y, A. Houacine. The joint use of IHS transform and redundant wavelet decomposition for fusing multi – spectral and panchromatic images[J]. International Journal of Remote Sensing. 2002, 23(18): 3821 ~ 3833.

[135] Alparone, L., S. Baronti, A. Garzelli et al. Landsat ETM + and SAR image fusion based on generalized intensity modulation[J]. IEEE Transactions on Geoscience and Remote Sensing. 2004, 42(12):2832 ~ 2839.

[136] Gang Hong, Yun Zhang, and Bryan Mercer. A wavelet and IHS integration method to fuse high resolution SAR with moderate resolution multispectral images[J]. Journal of The American Society for Photogrammetry and Remote Sensing. 2009, 75(10):1213 ~ 1223.

[137] S. Abdikan, F. Balik Sanli, F. Bektas Balcik, C. Goksel Fusion of SAR images (PALAR and RADARSAT 1) with multispectral SPOT image: A comparativecnalysis of resulting images[C]. // Proceedings of 21th ISPRS. Beijing, China: CRC Press. 2008: 1197 ~ 1202.

[138] Amolins Krista, Yun Zhang, Dare Peter,. Wavelet based image fusiontechniques—An introduction, review and comparison[J]. ISPRS Journal of Photogrammetry and Remote Sensing. 2007, 62(4):249 ~ 263.

[139] Chibani, Youcef. Additive integration of SAR features into multi – spectral SPOT images by means of the atrous wavelet decomposition[J]. ISPRS Journal of Photogrammetry and Remote Sensing. 2006, 60(5):306 ~ 314.

[140] Kass M, Witkin A, Terzopoulos D. Snakes: Active contour models. Int J Comput Vis, 1987, 1: 321 ~ 331.

[141] Xu C, Prince J L. Snakes, shapes, and gradient vector flow. IEEE Trans Image Process, 1998, 7: 359 ~ 369.

[142] Candès E J, Demanet L. Curvelets and Fourier integral operators. C R Acad Sci Paris, Ser I, 2003, 336: 395 ~ 398.

[143] Candès E J, Demanet L. The curvelet representation of wave propagation is optimally sparse. Comm on Pure Appl Math, 2005, 58: 1472 ~ 1528.

[144] Candes E. J., Donoho D. L. Curvelets, multi – resolution representation, and scaling

laws. In: A. Aldroubi, A. F. Laine, M. A. Unser(eds.). Proc. SPIE 4119; 2000.

[145] Candès E J, Donoho D L. Curvelets and curvilinear integrals. J Approx Theory, 2001, 113:59 ~ 90.

[146] Shan H, Ma J. Curvelet – based geodesic snakes for image segmentation with multiple objects. Pattern Recognition Letters, 2010, 31: 355 ~ 360.

[147] Ma J, Antoniadis A, Le Dimet F – X. Curvelet – based snake for multi – scale detection and tracking of geophysical fluids. IEEE Trans Geoscience and Remote Sensing, 2006, 44:3626 ~ 3638.

[148] Caselles V, Catte F, Coll T, et al. A geometric model for active contours. Numerische Mathematik, 1993, 66: 1 ~ 31.

[149] Malladi R, Sethian J, Vemuri B. Evolutionary fronts for topology independent shape modeling and recovery. Proc 3rd Eur Conf Computer Vision, 1994, 3 ~ 13.

[150] Mignotte M, Meunier J. A multiscale optimization approach for the dynamic contour – based boundary detection issue. Comput Med Imaging Graph, 2001, 25: 265 ~ 275.

[151] Mukherjee D, Acton S T. Cloud tracking by scale space classification. IEEE Trans GeosciRemote Sens, 2002, 40: 405 ~ 415.

[152] Liu J C, Wang W L. Active contour model using wavelet modulus for object segmentation and tracking in video sequences. Int J Wavelets, Multi – resolution Inf Process, 2003, 1:93 ~ 112.

[153] Wu H, Liu J, Chui C. A wavelet – frame based image force model for active contouring algorithms. IEEE Trans Image Process, 2000, 9: 1983 ~ 1988.

[154] Keserci B, Yoshida H. Computerized detection of pulmonary nodules in chest radio graphsbased on morphological features and wavelet snake model. Med Image Anal, 2002, 6:431 ~ 447.

[155] Candès E, Donoho D. Continuous curvelet transform: I. Resolution of the wavefront set. Appl Comput Harmon Anal, 2003, 19: 162 ~ 197.

[156] Candès E, Donoho D. Continuous curvelet transform: II. Discretization and frames. Appl Comput Harmon Anal, 2003, 19: 198 ~ 222.

[157] Candès E, Donoho D. New tight frames of curvelets and optimal representations of objects with piecewise singularities. Comm Pure Appl Math, 2004, 57: 219 ~ 266.

[158] Freeman W, Adelson E. The design and use of steerable filters. IEEE Trans Pattern Anal Mach Intell, 1991, 13: 891 ~ 906.

[159] Simoncelli E, Freeman W, Adelson E, et al. Shiftable multiscale transforms. IEEE

Trans Inform Theory, 1992, 38: 587 ~607.

[160] Lee T. Image representation using 2D Gabor wavelets. IEEE Trans Pattern Anal Mach Intell, 2008, 18: 1 ~13.

[161] Donoho D, Wedgelets: Nearly minimax estimation of edges. Ann Statistics, 1999, 27: 859 ~897.

[162] Donoho D, Huo X. Beamlets and multiscale image analysis. Multi - scale and Multi - resolution Methods, Springer Lecture Notes in Comput Sci Eng, Barth T et al (Eds), 2002, 20:149 ~196.

[163] Mallat S, Peyrre G. A review of bandlet methods for geometrical image representation. Numerical Algorithms, 2007, 44: 205 ~234.

[164] Pennec E L, Mallat S. Sparse geometrical image approximation with bandlets. IEEE TransImage Process, 2005, 14: 423 ~438.

[165] M. N. Do and M Vetterli. J Stoeckler, Contourlets: Beyond Wavelets. G. V. Welland: Academic Press, 2002.

[166] Labate D, Lim W Q, Kutyniok G, et al. Sparse multidimensional representation using shearlets. Wavelets XI (San Diego, CA, 2005), SPIE Proc, 2005, 5914: 254 ~262.

[167] Guo K, Labate D. Optimally sparse multidimensional representation using shearlets. SIAM J Math Anal, 2007, 39: 298 ~318.

[168] Demanet L, Ying L. Wave atoms and sparsity of oscillatory patterns. Appl Comput Harmon Anal, 2007, 23: 368 ~387.

[169] Willett R, Nowak K. Platelets: A multiscale approach for recovering edges and surfaces in photon - limited medical imaging. IEEE Trans Med Imaging, 2003, 22: 332 ~350.

[170] Lu Y, Do M N. Multidimensional directional filter banks and surfacelets. IEEE Trans Image Process, 2007, 16: 918 ~931.

[171] Ma J, Plonka G. A review of curvelets and recent applications. IEEE Signal Process Mag,2010, 3: 2 ~18.

[172] Osher S, Sethian J A. Fronts propagating with curvature - dependent speed: Algorithms based on Hamilton - Jacobi Formulation. J Comput Phys, 1988,79: 12 ~49.

[173] Caselles V, Kimmel R, Sapiro G. Geodesic active contours. Internat J Comput Vision, 1997,22: 61 ~79.

[174] Mallat S. A wavelet tour of signal processing. 2nded, Academic Press, Orlando - San Diago,1999.

[175] Cohen A., Daubechies I. Biorthogonal bases of compactly supported wavelets. Commu-

nications Pure and Appiled Mathematics 1992; XLV: 485 ~ 560.

[176] Pennebaker W. B. , Mitchell J. L. JEPG: Still Image Compression Standard. In. 1993.

[177] Yu R. , Ozkaramanli H. 希尔伯特 transform pairs of biorthogonal wavelet bases. IEEE Trans on Signal Processing 2006; 54(6): 2119 ~ 2125.

[178] Papoulis A. Signal Analysis. New York: McGraw – Hill; 1977.

[179] Kingsbury N. Image processing with complex wavelets. Phil Trans R Soc London A, Math Phys Sci 1999; 357(1760): 2543 ~ 2560.

[180] Kingsbury N. The dual – tree complex wavelet transform: A new technique for shift invariance and directional filters. In: 8th IEEE DSP Workshop; 1998.

[181] Kingsbury N. Complex wavelets for shift invariant analysis and filtering of signals. Appl Comput Harmonic Anal 2001;10(3): 234 ~ 253.

[182] Yu R. , Ozkaramanli H. 希尔伯特 transform pairs of orthogonal wavelet bases: Necessary and sufficient condition. IEEE Trans on Signal Processing 2005; 53 (12): 4723 ~ 4725.

[183] Ozkaramanli H. , Yu R. On the phase condition and its solution for 希尔伯特 transform pairs of wavelet bases. IEEE Trans on Signal Processing 2003; 51(12):3293 ~ 3294.

[184] 王红霞. 基于滤波器组的新型小波理论及其应用研究:[博士学位论文]. 长沙:国防科学技术大学. 2004.

[185] Kingsbury N. A dual – tree complex wavelet transform with Improved orthogonalityand symmetry properties. In: IEEE Int. Conf. Image Processing; 2000.

[186] Selesnick I. W. The design of approximate 希尔伯特 transform pairs of wavelet bases. IEEE Trans on Signal Processing 2002; 50(5): 1304 ~ 1314.

[187] Thiran J. P. Recursive digital filters with maximally flat group delay. IEEE Trans Circuit Theory 1971;18(6): 659 ~ 664.

[188] Do M. , Vetterli M. Pyramidal directional filter banks and curvelets. 2001.

[189] Crouse M. S. , Nowak R. D. , Baraniuk R. G. Wavelet – based statistical signal processing using hidden Markov models. IEEE Trans on Signal Processing 1998; 46(4):886 ~ 902.

[190] 焦李成,侯彪,刘芳. 脊函数网络逼近: 进展与展望[J]. 工程数学学报,19(1): 21 – 36,2002.

[191] Fernandes F. C. A. Directional, Shift – insensitive, Complex Wavelet Transforms with Controllable Redundancy. Rice University: Ph. D. Thesis. 2002.

[192] Strang G. Wavelets and dilation equations: A brief introduction. SIAM Review 1989; 31

(4): 614 ~ 627.

[193] Dragotti. L., Vetterli M. Wavelet footprints: Theory, algorithms, and applications. IEEE Trans on Signal Processing 2003; 51(5): 1306 ~ 1323.

[194] Romberg J., Wakin M., Choi H., Kingsbury N., Baranuck R. G. A hidden Markov tree model for the complex wavelet transform. Speech, Signal Processing; In. Rice ECE, Tech. Rep.; 2002.

[195] Romberg J., Choi H., Baranick R. G., Kingsbury N. Multiscale classification using complex wavelets and hidden Markov tree models. In: IEEE Int. Con#Image Processing; 2000.

[196] Selesnick LW., Baraniuk R. G., Kingsbury N. The dual – tree complex wavelet transform: A coherent framework for multiscale signal and image processing. In. 2005:123 ~ 151.

[197] Granlund G. H., Knutsson H. Signal Processing for Computer Vision. Kluwer Academic Publishers; 1995.

[198] Beylkin G., Torresani B. Implementation of operators via filter banks: Hardy wavelets and autocorrelation shell. Applied and Computational Harmonic Analysis 1996; 3: 164 ~ 185.

[199] Mallat S. Zero – crossings of a wavelet transform. IEEE Trans on Inform Theory1991;37 (4): 1019 ~ 1033.

[200] Beylkin G. On the representation of operators in bases of compactly supported wavelets. SIAM J Numer Anal 1992; 29(6): 1716 ~ 1740.

[201] Guo H. Theory and applications of the shift – invariant, time – varying and undecimated wavelet transform. Rice University, Houston, TX: 1995. Master thesis.

[202] Liang J., Parks T. W. A translation invariant wavelet representation algorithm with applications. IEEE Trans on Signal Processing 1996; 44(2): 225 ~ 232.

[203] Benno S. A., Moura J. M. F. Scaling functions robust to translations. IEEE Trans on Signal Processing 1998; 46(12): 3269 ~ 3281.

[204] Selesnick LW., Sendur L. Iterated oversampled filter banks and wavelet frames. Wavelet Applications VII, Proceedings of SPIE 2000.

[205] Simoncelli E. P., Freeman W. T., Adelson E. H., Heeger D. J. Shiftable multi – scale transform. IEEE Trans on Inform Theory 1992; 38(2): 587 ~ 607.

[206] Magarey J. Motion estimation using complex wavelets. University of Cambridge: 1997. Ph. D thesis.

[207] Kingsbury N., Magarey J. Wavelet transforms in image processing. In: First European Conference on Signal Analysis and Prediction; 1997.

[208] Kingsbury N. Image processing with complex wavelets. Phil Trans R Soc London A, Math Phys Sci 1999; 357(1760): 2543 ~2560.

[209] Selesnick LW. The design of 希尔伯特 transform pairs of wavelet bases via the flat delay filter. In: IEEE Int. Conf. onAcoustic, Speech and Signal Processing (ICASSP01);2001.

[210] Bamberger R. H., Smith M. J. T. A filter bank for the directional decomposition of images: Theory and design. IEEE Trans on Signal Processing 1992; 40(4): 882 ~893.

[211] Park S – L, Smith M. J. T., Mersereau R. M. A new directional filter bank for image analysis and classification. In: IEEE Int. Conf. Acoust., Speech, Signal Processing; 1999.

[212] Donoho D. L. Orthonormal ridgelets and linear singularities. SIAM Journal on Mathematical Analysis 2000; 31(5): 1062 ~1099.

[213] 焦李成,谭山. 图像的多尺度几何分析:回顾和展望[J]. 电子学报, 2003; 31(12A): 1975 –1981.

[214] 焦李成,孙强. 多尺度变换域图像的感知与识别:进展和展望[J]. 计算机学报, 2006;29(2): 177 –193.

[215] Mallat S., LePennec E. Bandelet Image Approximation and Compression. SIAM Journ of Multiscale Modeling and Simulation 2005; 4(3): 992 ~1039.

[216] Watson A., Ahumada A. J. Model of human visual – motion sensing. Journal of Optical Society of America 1985; 2(2): 322 ~342.

[217] LawtonW. Application of complex valued wavelet transforms to subbanddecomposition. IEEE Trans on Signal Processing 1993; 41(12): 3566 ~3568.

[218] Lina J. M., Mayrand M. Complex Daubechies wavelets. Applied and Computational Harmonic Analysis 1995; 2: 219 ~229.

[219] Zhang X – P., Desai M., Peng Y – N. Orthogonal complex filter banks and wavelets: some properties and design. IEEE Trans on Signal Processing 1999; 47(4): 1039 ~1048.

[220] Cohen A., Ryan R. D. Wavelets and multiscale signal processing. London: Chapman and Hall; 1995.

[221] Rivaz P. D., Kingsbury N. Complex wavelet features for fast texture image retrieval. In: IEEE Int. Conf. Image Processing; 1999.

[222] Reeves T. H. , Kingsbury N. Prediction of coefficients from coarse to fine scales in the complex wavelet transform. In:IEEE Int. Conf. Acoust. Speech, Signal Processing;2000.

[223] Donoho D. L. Interpolating wavelet transform. Technical Report, Dept. of Statistics Stanford Univ. , 1992.

[224] Cohen A. , Daubechies I and Vial P Wavelets on the interval and fast wavelet transform. Appl. Comp. Harm. Anal. , 1:54 ~ 80, 1993.

[225] Goodman T N T and Lee S L. Wavelets of multiplicity. Trans. Amer. Math. Soc. ,342 (1): 307 ~ 324,1994.

[226] Sweldens W. The lifting scheme: A construction of second generation wavelets. SIAM J. Math. Anal. , 29(2): 511 ~ 546,1997.

[227] Candes E J. Mono – scale ridgelets for the representation of images with edges. Technical report, Department of Statistics, Standford University, 1999.

[228] Candes E J. On the representation of multilated sobolev functions. SIAM J. Math. Anal. , 33: 2495 ~ 2509, 1999.

[229] Starck J L, Murtagh F, Candes E J and Donoho DL. Gray and color image contrast enhancement by the curvelet transform. IEEE Trans. Image Processing, 12(6): 706 ~ 717

[230] P. J. Burt and E. H. Adelson. The Laplacian pyramids as a compact image code. IEEE Trans. Communication, 31(4): 532 ~ 540, 1983.

[231] Y. Lu and M. N Do. CRISP – Contourlet: A critically sampled directional multi – resolution image representation. Proc. SPIE Conf on Wavelets X. San Diego, Aug. 2003.

小波名词索引

说明:1. 本索引中的术语和人名,均以汉语译名拼音(而非英文原名)为序排列。2. 本书的若干主题术语和人名(如小波、空间、变换、框架、噪声、图像、地图、纹理、多尺度、脊波、曲波、轮波、高斯、傅里叶等),因遍布全书,为高频词(通常出现超过 30 次),不做索引。3. 在重要主题词之下,设置相关子概念词语,如在"小波"之下,设置"脊波""曲波"等小波类名词,便于分类检索。4. 常见的术语词组,因已为人熟知,一般只写缩略语,不写英文全名。如偏微分方程,括号中只注明缩略语 PDE,不写全名 Partial Differential Equation。但一些与小波密切相关的重要术语或罕见术语,则同时写出缩略语和英文全名。如:方向滤波器组(Direction Filter Banks, DFB)。

术语索引

F

H

J

K

L

M

N

P

Q

R

S

T

W

X

Y

Z

人名索引